盧拉拉——著

我是人生整理師

死亡清掃 X 遺物整理 X 囤積歸納

陪伴每個逝者走向生命的最後一哩路，
我是人生整理師，清理遺物，也撫慰各個不同的人生……

目次

Chapter 1 生死之際

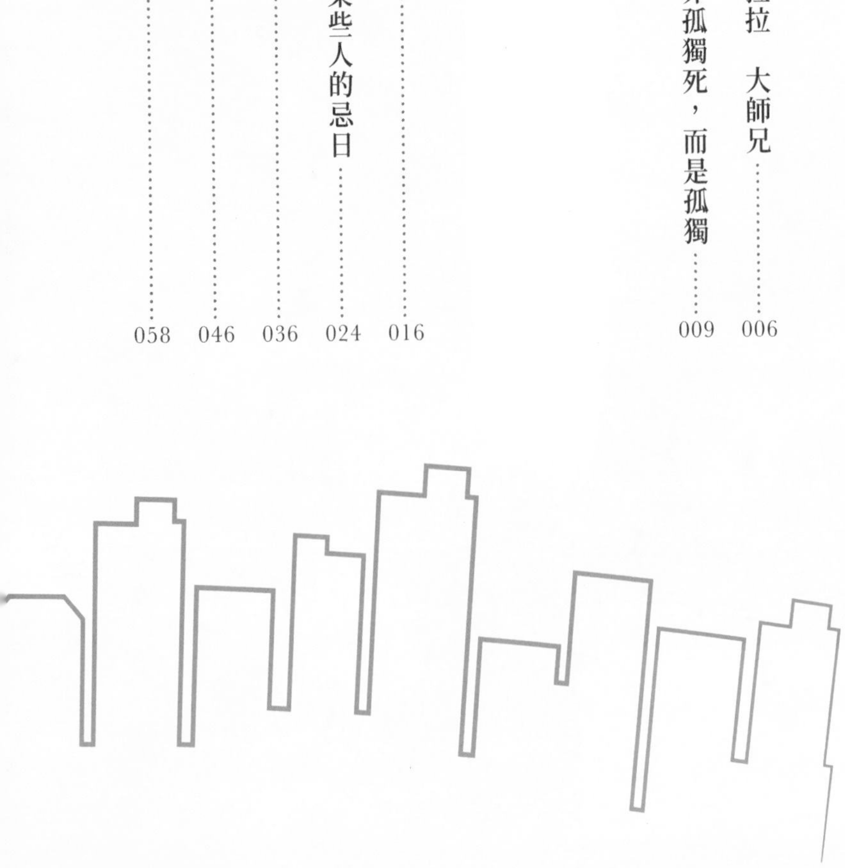

Chapter 2

特別的職場夥伴

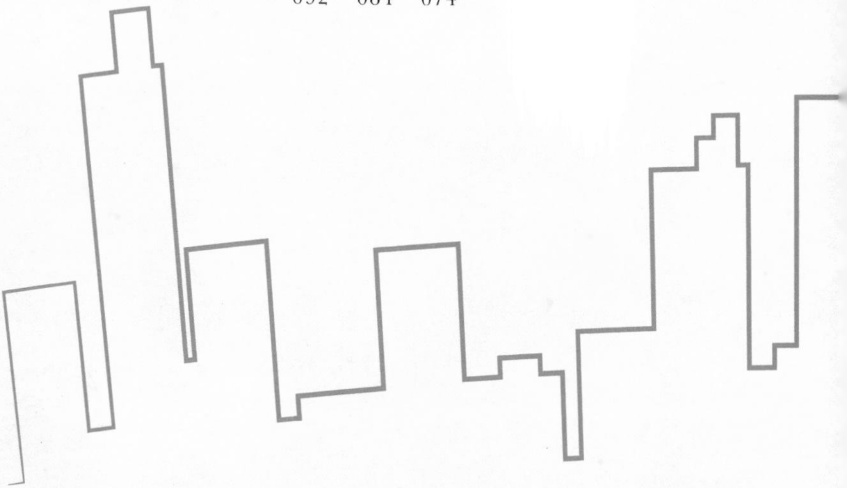

Chapter 3

環境可以變得整潔，人性卻難以回到最初：關於死亡清掃……

Chapter 4

雜物可以歸類回收，孤寂卻無處安然釋放：關於遺物整理……

推薦序

很笨卻很溫暖的拉拉

——大師兄

「有生就有死，這是很自然的事情。」

這是拉拉書中的一句話，也是我很喜歡的一句話。

對於一樣從事殯葬行業且也有在文字創作的人員，常常會覺得市面上談生的書籍遠遠大於談死的書籍。而有趣的是，這兩個都是一定會面對也會發生的事情，為什麼我們對於死亡，總是有一堆忌諱跟禁忌呢？

老實說，我對拉拉的新書期待已久。以一個殯葬從業人員來說，拉拉是我的前輩。我在殯儀館擔任小菜鳥的時候，他已經是個很厲害的遺屋清潔人員了。我們服務的對象是一樣的，都是往生者。但是要面對的狀況卻十分不同。

常常我們到了現場做遺體接運，總是會看到一些怵目驚心的狀況，而當我看著這本書的描述，當時的感覺跟氣味，彷彿又出現在眼前，既熟悉又真實。

我們負責的部分，就是將遺體接到殯儀館。有時候我們會用現場的東西，譬如一些衣服棉被先墊在地板上，吸附一些屍水。等到順利將遺體放入屍袋的時候，那些衣服棉被總是會留在現場的地板。

究竟那些東西到最後是誰處理呢？

沒錯！就是拉拉！

記得我有時候跟他聊天時，總是會聊到他在做遺屋整理常常會覺得很多東西都是當初接體人員留下來的，然後開始靠北這些人增加他的工作量。

我總是回應一個尷尬不失禮貌的微笑。然後開始想想自己是否也有留下一些東西給這些之後來做清潔的人造成麻煩。而從認識他開始，我在做接體時總是會特別留意一下環境，這可能是他教會我做的事情吧。反正我覺得他一定是指著和尚罵禿驢。

但，最終的目的，就是希望這個行業更好，素質可以更高。

這次這本書，寫的一樣是從業人員看到的一些小故事。但我覺得比上次更多的是，他寫出了他在這行默默種下的溫暖。

那些孤獨死，那些暖心房東，那些無家者……

老實說啦，做殯葬的成就總是在於我今天一場告別式做多大，多派頭。可能一年一兩件做這種功德的就覺得應該夠了。像拉拉一直都接可以說是吃力不討好的案子的人，真的很少。

謝謝有拉拉這種很笨的業者存在，也謝謝拉拉願意跟我們分享這些故事，我在這本書看到的是滿滿的感動，希望大家在這本書上，也可以看到不一樣的殯葬樣貌與反思。

自序 一個人的死去並非孤獨死，而是孤獨

很多人問我這名字是怎麼來的，我以前有養一隻黑色柴犬叫拉拉，所以我是盧拉拉。

本書在編輯威逼之下誕生，本來認為應該不會出第二本書，自己的文字能力有限，很多情緒以及所見之物無法用文句去作完整呈現，每一個事件都像是一幕幕畫面呈現在腦海，卻無法表達。

但是從疫情期間看到許多人因為一場疫病失去工作，沒有經濟來源而無法維持一個家，每次在物資站整備物資時，很高興這些物資能夠幫助到一些斷炊的家庭，卻也感到難過，他們努力工作，卻因為突發狀況而一觸即倒，今天能幫助他們，卻有多少需要幫助的家庭沒被發現。

確診者的隔離與死亡，讓送行成為了天方夜譚，隔離中獨自生活，而在獨

自生活中死去，受到肺炎折磨，於苦痛中結束生命，我們穿著防護衣進入，入殮、封棺、火化，家人間卻無法好好道別。

突然遭遇貧窮困頓與生死分離，而在疫情過後，大家的生活逐步恢復正常，經濟也逐漸活絡起來。

但是在底層社會中，貧窮與冷漠讓死亡哀歌不斷奏出；接到委託的同時，卻也反思為何這些情況不斷發生，自殺、獨居、經濟弱勢……社會到底怎麼了？這些不曾注意到的現象就發生在你我身邊，正視問題，才能降低發生的機率，也讓我有寫這本書的動力。

死亡，是生存的最後證明

我的工作地點大多在頂樓加蓋，狹小套雅房，這些地方狹仄的居住空間不是獨有的現象，香港劏房、籠屋以及韓國考試院、半地下房，都是貧窮者的選擇。在臺灣，高漲的房租讓選擇越來越少，破舊空間與不友善的租屋環境，甚至連日租的膠囊房（太空艙），都是搶手物件，在臺灣蝸居現象正蓬勃發展中，但居住空間的不足，影響著住戶身心。

貧窮、孤獨、寂寞與冷漠所創造出的絕緣人生，讓孤獨死的現象發生在你我身邊，這不是一種死亡，而是生存在孤獨世界中最後的證明。它不是熱門議題，沒有太多人重視，卻是未來將要面對的社會現象。

現代社會從傳統大家庭轉變為小家庭形式，甚至現在求學、工作、情感、家庭、不婚、喪偶、少子化等因素都造成如今獨居人口增加的原因，讓家庭結構產生改變往獨居單身化的趨勢演進，直到現在就如德國社會學家齊美爾所提出「原子化的」社會，每個人都彼此隔絕，生活在私人的泡沫裡，或許會有互動和合作，但是每個人都是互不相涉的單位。只面對他自己，而產生了個體孤獨，與人際間冷漠疏離，進而與社會失去連結；寡居、獨居逐漸形成主要居住模式，獨居者的數量提升，在這樣的情況下，並非會造成孤獨感，而是不能與他人交流自己所覺得重要之事，或是所抱持的觀點不被他人認可。

孤獨是未來的必然

任何生命，包括自己和所愛之人必然有結束的一天，然而，一個人在家中死去並非孤獨死，在人際關係淡薄與社會連結性不強的情況下，讓孤獨死的情形加增。對於孤獨及孤獨死未來可預見的是，獨居人口只會持續增加。無法在醫院或安養機構臨終，而一個人在家中死去是必須面對的現實情形。

孤獨者悄無聲息的與社會群體中抽離，使人際關係逐漸冷淡，雖然不願，但是這類人早已隔絕社會，而處於孤獨之中。

隨著科技發展，生活越來越便利，甚至不用出門便能完成就學、工作、購物與娛樂，這種零接觸生活逐漸成為日常，花了更多時間與網路媒體相處，卻沒有花時間對人進行接觸，這種沒有接觸的生活也讓我們無法學習如何與人產生聯繫，這種缺乏陪伴與情感連結的生活方式，使得對於與人接觸一事更為抗拒。

踏出關心與改變的那一步

超高齡社會•及少子化社會的來臨，讓獨居情形逐漸轉變為社會結構中的主要現象。獨居老人的比例逐年提升，有更高的機率落入貧窮環境，照護需求也提升了。這些獨居高齡者如果沒有家人以外的關係連結，將容易陷於「社會性孤立」的狀態。這種底層社會的人們因為工作不穩定，以及非正式派遣、彈

• 根據世界衛生組織定義，六十五歲以上老年人口占總人口比率達到7%時稱爲「高齡化社會」，達到14%是「高齡社會」，若達20%則稱爲「超高齡社會」。

性工時・及超長工時卻無法支持其生活的薪資等問題，使之越加難以完成社會期待，越加孤立，更大幅度提升孤獨死亡風險；社會經濟上的弱勢族群、無法和人產生情感連結的獨居者以及越來越方便的科技生活，讓人們喪失了與人實際接觸的社交活動，這些人，只要包含其中一項都將可能面臨孤獨死亡。

如果可以讓你有感觸，願意試著去改變，與家人鄰里及社會多有互動，珍視身邊的人，或許這本書就有了價值。

・過去是在固定時間工作，朝九晚五且集中管理的工作型態，雇主聘僱人必須控管風險和時間，但現在爲了讓企業在不提高薪酬，在不需要多聘僱人的狀況下轉移聘僱勞工卻沒有工作風險，將勞工上班時間打亂，可以隨時待命或者在一定的時間內，彈性地進行高強度的工作。

Chapter

01

生死之際

1.

淡旺季

冷熱的衝擊、
孤貧的人生、死亡的結局。

很多人會問，殯葬業是否有淡旺季之分，每天不分任何時候都會有人往生，真要說的話，便是在節氣交換，因為氣溫變化，讓身體不堪負荷而倒下，這期間便是殯葬業者最忙碌的時刻。尤其是冬天，因為寒流侵襲，心血管疾病、心因性猝死個案因此倒下，經常會有才剛接體完，下一個委託便立即而至，因此平時身體就要注重保養，免得過於忙碌而讓身體不堪負荷。

以前在從事殯葬業時，每到冬天案件量就會增加，尤其是過年前，因為有喪事不拖過年的觀念，所以管他好日壞日，只要有禮廳有火爐就是好日子，結果就是過年前幾週就因為接案量的增加以及頻繁的喪禮而忙到昏天地暗，凌晨四、五點出門準備辦喪禮，直忙到中午結束，才剛休息一下，就開始協商、行政、接體工作，接著又開始進行會場布置、法事進行……等，不間斷地忙到深夜，接著又在凌晨起來繼續工作。

這樣日夜不分忙碌的狀態一直持續到過年，因為過年不舉行喪禮，才能稍微喘口氣，只是之前欠身體的債就該還了，超越極限的操勞，以及高度精神壓力，卻未能有適當的休息，每次過年，不是睡覺充電，便是在生病休養中度過。

至於現場清理委託，也會隨著節氣變換有所影響。氣溫變化差距大時有些人會因此猝死，其中一部分非死亡時便為人所發現並立即處理，通常要隔一些時日後，因為失聯因此親友前來關心、氣味傳出或是房租沒繳才被發現，需要我們更進一步地進行協助。

為了應付炎熱的夏天，我們會選擇關上窗戶打開冷氣，並搭配冷飲讓身體感到涼爽，而炎夏中的死亡現場環境普遍沒有冷氣，或是冷氣早已故障無法運轉，有的居住環境甚至沒有對外窗戶，僅有台布滿灰塵的電扇，甚至連電扇也早已故障，高溫氣候讓遺體腐敗速度較快，遺體於一兩天左右便產生異味，所以發現較早。

有時進行遺體接運會看到一些往生者並沒有穿衣服，撇除掉習慣在住宅內裸身或是精神障礙情形，這些赤膊者，大多是因「貧窮」讓他們選擇在炎熱環境下不著衣物。

要先衣食無憂，才能顧及尊嚴

孤獨死情形大多存在「孤」、「老」、「貧」的情況。馬斯洛主張人類需求可分為五個層次，依序為生理、安全、社會、自尊與自我實現，於需求實現之後才能顧慮到「尊嚴」與「實現理想」的更高生命層次。

《管子・牧民》篇：「衣食足則知榮辱。」衣食無憂，生活無慮才能顧及榮譽和恥辱的生命層次。基礎生活的穩定才能有更高層次的追求，若一個人生存都成問題，自然就著眼於解決問題，不可能更有心思去顧及其他事情。

一個人如果沒有基本的衣食住行，生活就會缺乏保障和某種程度的不安全感。在這樣的情況下，他就不會花費太多時間和精力去思考自己的榮譽和恥辱這樣較為高層次的問題，因為這些問題對於他來說可能不是那麼重要。

相反的，當一個人的生活條件越好，他就越能夠有更多的時間和精力去追求那些較高層次的價值和意義。身處在如此安全舒適的生活中，他就能夠更好地關注自己的人生意義和價值觀，並且更有能力去實現理想和目標。

不得已的節儉

我所認識有些脫離街頭順利租屋的街友個案或是高齡長者，雖然順利租到房屋，但因為補助有限或收入不豐，即使家裡有冷氣也怕浪費電，捨不得開冷氣。到他們住所時，看著他們額頭上掛著汗珠還自傲地說自己很節儉從來不開冷氣。

或是冷氣過於老舊早已失去功能卻無力更換，又不敢請房東更換，怕提太多要求會讓房東漲租或是不願意續租，就算提出要求房東也置之不理淪為牆上的裝飾；在炎熱的夏天想要讓自己涼快的方法就是不斷沖涼，或是打開窗戶指望些許涼風吹進屋中，啟動那隨時都會報廢的電風扇，旋轉的扇葉中傳來那無法消暑的陣陣熱風。

為了度過這潮濕悶熱的夏天，有的人會待在圖書館看書報休息，圖書館是公共空間，因為有冷氣吹、空間不但寬敞舒適，還有乾淨的洗手間，自然就成了圖書館的常客。或到一些有冷氣又不趕人的地方度過整天，直到場所關門休息，還是必須回家，打開門的那一剎那，便感一股蒸騰熱氣襲來。

想在熱到汗出沾背的房內好好睡上一覺，此時便只能在睡前洗個冷水澡，才不覺悶熱濕黏，趁體感仍覺涼爽時立即上床睡覺，但有高血壓與心臟疾病患者，如果突然接觸冷水，會讓血管急速收縮而造成血液大量回流心臟，導致血壓突然飆高，反而增加危害健康的風險；而為了降低黏膩感，身上的衣服就須盡量減少，甚至褪去所有衣物，讓汗水無法吸附在布料上，皮膚與空氣有更大面積接觸散熱。

炎夏、貧窮、遺體

因為熱島效應●，在經濟條件又不允許的狀況下，想要對抗高溫似乎沒有更好的選擇，反正是在家中，穿或不穿又有什麼關係。於是乎，夏季孤獨死亡的現場接體時常看到，伴隨著凌亂、悶熱的環境，是一具赤裸倒臥著的遺體。

記得曾在夏天接過一件委託案，頂樓的鐵皮加蓋讓溫度直線攀升，讓人如同身處於烤箱，不大的空間還分割成八個房間。而事發的雅房僅有一坪半大小，房間內鋪墊著草蓆的單人床架就幾乎占據所有空間。所幸現代科技進步，還能夠在床尾擺了一台用雜誌墊高的液晶電視作為娛樂來源，剩下的空間，除了預留讓門能開啟的範圍外，僅能擺一個簡單的收納櫃安放一些個人物品。牆上除了一台略顯兩光，邊擺頭、邊發出喀喀聲的電扇正不斷讓屍臭味於室內循環外，便是一盞沒有功能的日光燈，只能依靠插座上的小夜燈來為房間提供光源。

死者衣物背包掛滿整個牆面，甚至連門板後方也沒有浪費，替代了無法擺入的衣櫃承載衣物的重量。

生活在這狹窄的居室，這只能擺放一張單人床的劏房•，除了被推到角落的薄被外，周圍散落菸灰缸、啤酒罐、雜牌香菸、手機以及一些生活垃圾，此外還有一具裸身倒臥在此，早已發黑爬滿蛆蟲的遺體；沒有轉身跨越的空間，只得將遺體直接拖進鋪在地上的屍袋。

現代社會，高齡化、單身、貧困者逐漸加增，這雅房內赤身裸露的遺體，訴說著夏日的褸熱、孤貧的人生、死亡的結局。

• 建築物的混凝土，以及柏油路在白天會吸收熱，並於夜間釋放，但相比農村地區，建物密集的都市在夜間散熱速度比較慢，導致夜間溫度較高，稱為「城市熱島效應」。

• 「劏房」即是將原本的住宅單位分割成數個更小的出租單位以供低收入家庭或人士居住，居住環境通常都較欠佳。

2.

是歡騰的節日，也是某些人的忌日

想不開是他的命，
遇到這些事是我的運。

除了天氣因素外，一些特殊時間點過後也是我們最忙碌的時候，人類是社會性動物，需要依靠複雜且緊密連結的群體才得以運作及生存，落單者將面臨死亡風險，而加入群體產生連結才有生存希望；從嬰兒與母親、家人與家庭、國民與國家，都是靠著連結的關係才得以成立。

倘若連結的關係疏遠或是斷裂，則將陷入孤獨境地之中，從而影響到精神與健康狀況，甚至尋短。

根據世界衛生組織二〇一一年的全球健康與老齡化研究中，就有提到缺乏社會連結與孤獨對老年人的影響•。缺乏社會聯結的人顯著增加了死亡風險，

• 在老年人中，社會孤立和孤獨可能尤爲重要。隨著個人年齡的增長，長期暴露於保護性或風險因素將更加明顯。例如，早年發生的社會脫節（忽視、緊張、孤立）或聯繫（支持性、穩定的家庭環境）的影響將在晚年變得更加明顯。此外，老年人之間有許多重要的生活轉變，可能會導致社會聯繫中斷或減少（例如，退休、守寡、兒童離家、與年齡相關的健康問題）。越來越多的研究表明，成年期和老年期的健康問題源於生命早期的狀況，這表明預防工作的重要性。

其影響甚至超過受到大眾所關注的議題。

至於什麼時間點過後死亡清掃案件比較多，依經驗，通常會在現代三大節日時比較明顯，三大節日分別是「西洋情人節」、「聖誕節」以及「春節」。隨著現代社會逐漸西化以及商人的渲染下，情人節與聖誕節受到人們重視，這兩個節日雖然沒有放假，但其重要性不容小覷。在媒體不斷推波助瀾下，這些節日有著既定化的標準模式：當天一定要送禮、出遊、吃大餐。

讓有些人從本用心來感受愛情，轉變為用物質營造出儀式感見證真心，如果沒有精心準備鮮花（花束）、祭品（美食）及貢物（禮物）的話，難保不會發生爭吵，增加自體傷殘死亡風險，這兩個節日，有時會因情侶間情感爭執、分手問題下的激烈情緒或是獨身寂寞孤寂感來襲，讓人走上輕生的道路。

世事一場大夢，人生幾度秋涼？
夜來風葉已鳴廊。看取眉頭鬢上。
酒賤常愁客少，月明多被雲妨。
中秋誰與共孤光。把盞悽然北望。

宋・蘇軾〈西江月・世事一場大夢〉

依數據統計，每到過年前後的自殺通報人次均有上升，且農曆春節是華人所看重的節日，在外打拚的異鄉遊子歸故里，久別家人重逢，親友之間難得相聚，大家桌邊圍爐，彼此笑語和樂，但許多有著各自原因離家從此風波一失所，各在天一隅。

雖是全家團聚的日子，卻獨自孤身度過，各有原因無法與家人團聚，有些零落之人，在喜慶氛圍下更為落寞，寂寞感隨著時間不斷加增；孤獨，有時會壓垮一個人。

節慶之後，便是我們忙碌的開始，期間所承接案件都是於年節時輕生，因為天冷的關係，所以經過許多天才有異味傳出；或是欠繳房租，房東前往關心時才發現的個案，卻僅有少數案例是因為家人覺得有異而察覺。

這些在過年期間選擇自我了結生命的個案，年齡從中年到老年皆有，不同現場卻有著極為相似的情況：獨自居住、工作並不穩定或是無業、經濟上的弱勢、長期未與家人聯繫。

並且都有著相似場景，燈光昏暗損壞，雜物隨意擺放壓縮生活空間，環境經年缺少整理，滿室灰塵與污垢，並充斥著混合了髒亂生活環境的酸臭味與肉體腐敗所產生的腥味。酸腥腐臭，加上雜亂破敗的生活環境，且在現場所遺留的藥袋可以得知死者長期受到病痛所擾，生活缺乏希望，對未來感到無望，別人在過節，自己卻只能獨自待在承租的房內；經濟、家庭、健康問題都讓人窒息。

沒病看到有病，有病看到更多病

通常這類輕生個案因著各式理由甚至數十年未與家人見面，各有齟齬，因此委託人通常是房東，而家人都不願意出面。先前一個過年期間燒炭輕生，死亡約三週後才被房東發現的委託案件，往生者與家人數十年來都沒有聯繫。家人在警方通報後進行了相關的程序，卻不願意進行後續處理，只給房東傳了封訊息：「都在你這裡租那麼多年，房租想必也收不少了，裡面的東西就全交由你處置。」之後不管房東如何聯絡也找不到人。

我不知道他們怎麼處理後續相關問題，我接到通知時正在清理過年後自殺的現場，在工作告一段落便立刻趕來。房東跟我說明情況並給我看家屬傳來的那則簡訊，他那憂愁結面的樣子，想必他當初收到這段文字時，臉應該比這臭十倍以上。

「過年前我送水果禮盒給他的時候，他就在那說自己這邊病那邊病好痛苦不想活了，我還勸他想開一點，好好聽醫生指示，不要那麼悲觀，誰知道他真的不想活了！」房東苦著臉說道：「他家人都不出來處理又失聯，把責任都推到我這邊真的有夠倒楣，變凶宅根本不用賣了。」

本想跟他說：「投資（出租房屋）有賺有賠，投資（出租房屋）前須辨明法律條文並了解風險。」後來想想這好像會造成自己受傷的風險，只好把這句話吞了回去。改口道：「你先別擔心，我先上去看一下狀況，說不定情況沒有想像中那麼嚴重。」

才走到門前便聞到從鐵門傳來的陣陣惡臭，心想：「還挺嚴重的。」一打開門就看到前陽臺原先陳屍位置下方只剩下由脂肪、排泄物、血液混合而成一灘黃色、透明與黝黑交疊的體液，用來了斷生命的領帶還有一節綁在鋁門窗橫框隨著氣流晃盪著，室內一片蕭索，幾乎沒有任何家具，只有一張椅子、一張木質的茶几，還有被踢翻的板凳。

地上散落著香菸包裝和空瓶。看到茶几上只要能拿來盛裝的容器都被當成菸灰缸，除了成堆的菸蒂外還有一堆沒有打開過的藥袋；在健保政策下，看醫生再也不用付高昂的醫藥費，一堆人認為既然繳了健保費就不能浪費，開始努力給醫生看，醫院頓時成了另類社交場所。「沒病看到有病，有病看到更多病。」導致健保入不敷出，如果有病吃藥那倒無妨，卻有很多人囤藥，乖乖定期回診看醫生，卻不乖乖吃藥，直到藥品擺到過期。

這些藥袋或許沒能治療他的身體，只是讓他有個安心的理由，對很多人來說說不定也是這樣，認為只要看醫生病就先好了一半，卻任由病情不斷惡化積累，直到有天因此付出更多代價，而他則自行選擇了死亡。

簡單看過環境後便即退出，下樓找到了房東，他看起來有些擔心，問著具體發生了什麼事情。簡單向他講述室內情況，怕製造房東大人的恐懼，綁在那的領帶我選擇不提。

房東聽完後原本苦著的臉轉為柔和：「就盡快處理吧，家人不出面也是要清理，在這住那麼久了，就當作重新裝潢，他想不開是他的命，我遇到這些事是我的運。」多少無奈轉化為這簡單的幾句。

明白自己所失去，才知原是富足，既然已成事實，就坦然面對，卻有多少人遇到困難不是解決，而是埋怨與逃避。

破鏡，豈能重圓？

過年期間還會因為發生爭執或是情緒勒索而肇生尋短情事，由心理治療學家蘇珊．福沃德發明情緒勒索的詞彙，廣義是指一種無法為自己負面情緒負責並企圖以威脅利誘迫使他人順從的行為模式。

「我這都是為你好，為什麼你不聽我的？」

家人說出這樣的話，到底對孩子來說是愛是關懷還是箝制？做子女的又是否因此而遭受限制，一味乖乖地順從是聽話、駑鈍還是愚孝？所承受的壓力，有誰能理解，又該如何宣洩？

日會蝕，月會缺，卻能再圓。

破鏡，豈能重圓？

過年，本該是一家和樂團聚，遺憾的是這樣的日子，這家，已然破碎。

年節期間，原以為可以不用工作好好休息，沒想到我卻來到這裡。

套房內，一陣陣的炭臭味充斥在這空間，牆上一幅幅的照片，是過往的點滴，溫馨的回憶。

沾染黑褐色血漬的床和茶几上用磚頭墊著的泥盆火炭，這突兀的存在，隱約暗示著生命的消逝。

「我都是為你好，為什麼你就是不聽我的？」亡者父親無助地蹲坐在門外，流淌著淚水，口中不斷喃喃說道：「才唸你兩句你就想不開，你這不孝子。」

見到我正看著他，趕忙用手抹去臉龐上的淚水站起身來和我說話。

「有什麼事情嗎？」他說道。

我回：「沒事，只是看您這樣坐在外面，現在天冷，又怕您累，要不要先到隔壁的便利商店休息一下。」

「沒關係，不會累。」

「要不要我拿個椅子給您坐，這樣蹲在這也不太舒服。」

「免啦，我蹲在這就好。」

我拿了瓶水給他，並說：「您喝點水，緩一下，天冷，您這樣蹲在外面怕著涼，現在您還要忙著處理後續的事情，身體要照顧好。」

他接過了水旋開了瓶蓋喝了一口後和我說道：「年輕人，你不知道我有多難過，我養他養了那麼久了，圍爐時只是唸他兩句，之後也沒說什麼，誰知道他就跑回去燒炭自殺，這不孝子啊……！都不知道阿爸是為了他好嗎？」

我蹲在旁邊不語，靜靜的聽他繼續說道：「他畢業那麼久了，只是唸他還不去找工作，就對我生氣，做晚輩的能這樣對待自己的長輩嗎？我都是為他好啊。」

他接著說：「從以前，他就很聽話，我說什麼他都會去做的，怎麼現在會才唸個幾句就跟我吵、怎麼就這樣跑去自殺。他那麼聽話，以前要他做什麼都會聽我的，怎麼現在會做這種事啊；要他去工作又不是要他養我，只是都不去工作，親戚會怎麼說我，人家會說多難聽，就要他去上個班，我是為他好啊，以前他都會聽我的去做，怎麼現在會這樣？」

默默地聽他說完這些話，或許，亡者以前真的很聽話，對父母的每一句話言聽計從，人生的每一個階段，每一個選擇，都聽從他們的安排，走在長輩「為」他規劃的理想道路，因為父母都對他說：「我是為你好。」

因為孝順，因為順從，為了不辜負期待，就這樣一步步地走在父母建議他走的道路，做他們想要他做的事情，學習、交友甚至是愛情，一直到出社會，需要獨自選擇出路為將來而努力時，開始無法面對，將自己隱藏起來。

因為聽話，他失去了對未知挑戰的勇氣，因著刺激，他做了一次叛逆的行為。這只是我的臆測，也許是很多人的答案。

3.
開張

為了彌補遺憾，
卻掏空了自己的一切。

喪禮，孝之展也。

對於喪禮進行，各有其觀點，或簡或繁，存於心中。

殯葬業者此時便依照家屬的需求與能力，提供並推薦合適的儀軌與建議，使其在有限條件下去展現其最大的孝心。

儒家思想重視孝道，認為行孝道之人，修己、謙讓、敦厚，而《孟子．離婁下》：「養生者不足以當大事，惟送死可以當大事。」因此在養生送死的觀念下，儒家有著「慎終追遠，民德歸厚矣。」的喪禮文化核心。近代我國經濟起飛，人民生活普遍富裕，喪禮成為了另一種比拚排場的舞台，為了場面好看，而誕生出許多怪誕的殯葬禮俗儀節，例如早期曾風行過的「鋼管」、「脫衣舞」，或是加在一起變「鋼管脫衣舞」。各式荒誕不羈的喪禮儀式，成就喪禮文化中一頁不堪入目的軌跡。

一般人並不瞭解禮俗其背後所代表的含意，到底這儀式做了是為了什麼？有什麼意義？是為了呼應往生者生前的喜好或尊重遺言或滿足家屬的喪禮排場？

只藉由過往參加喪禮時的印象，加上過去經驗以及他人建議來辦理，最後成了道聽塗說，或認為應該是這樣的方式來處理，但有的卻反而更加失禮。

「誤以為」累積而成的自以為是

傳統家庭中常會遇到一種人，認為自己參加過很多次親友喪禮，所以非常懂得喪葬禮俗文化，有時還會指著我說：「你這麼年輕是懂啥？」「你最懂，大家都沒你懂，都給你辦啊。」身為一位專業的禮儀人員只能面帶微笑將這些話藏在心裡而不能說出來。

曾有一位大家庭的母親過世，在送訃聞並和家人講解時，女婿發難道：「你們怎麼找這種一點都不懂的人來，你們看，訃聞問題那麼多，都沒發現嗎？」他指著訃聞說：「壽終內寢！應該是壽終正寢，你用內寢是什麼意思！

我岳母明明在正廳走的，亂寫。」

我溫言解釋：「男性安享晚年，在家中死亡稱壽終正寢，而女性則稱為壽終內寢。」

「好，這就算了，你看，後面這邊，你寫家人稱謂亂寫一通，用『孝男』、『孝女』、『孝女婿』莫名其妙。」說時邊從包包拿出了幾張A4紙邊說：「你看這個寫『孤哀子』，是不是很準確的在字面上表達難過的心情。」

我心想：「靠邀，做過功課在全家人面前電我展現專業耶。」不過看到他準備的資料，此時心情不曉得該如何形容，只能微笑地跟他說：「依照殯葬文書來說，可以用孝男、孝女，不孝男、不孝女，或是父死自謙稱為『孤子』，無母謂『哀』，故母死自謙稱為『哀子』。父母皆亡故稱『孤哀子』，今天爸爸還在，我想用孤哀子很不合適。還是您其實想……？」

看到他滿臉通紅還想說啥，卻被自己的岳父阻止，不讓他繼續說下去。

喪禮，變成了荒誕滑稽的鬧劇

以前常聽到家屬為了辦一場喪禮，不得不去四處籌錢，甚至想秉持著厚養薄葬的觀念簡單辦理時，就會聽到左鄰右舍，姻親戚友說：「傻孩子，你怎麼還想不明白，你現在不好好辦，怎麼讓別人知道你孝順，你爸（媽），死了怎麼瞑目！」好一句風涼話，害慘孝子賢孫。

「賣身葬父」，禮教吃人，讓此句有可能發生。如泉下有知子女為了他們傾盡所有，只為了讓旁人看一場風光喪禮，卻因此負債累累豈敢瞑目？

電影《孝子賢孫伺候著》就講述著如此荒誕的事情。一場喪禮，變成了一場荒誕滑稽的鬧劇，各式禮儀風俗，紅包隨禮都隨著旁人左一句、右一句，殯葬業者來一句而展開。

對？不對？

有的人說，家人過世，家屬那麼有心，不讓他多花一點的話，家屬內心會過意不去，所以會極盡所能讓他多花錢，表達出內心深痛哀思與對家人的不捨，這樣才能表現出家屬的孝心。

身為一位業者，希望家屬竭盡所能地花錢，以達到「三年不開張，開張吃三年」的報酬是好事，卻忘了勸告家屬凡是仍需量力而為之，雖然有心想辦，但還是要看自己口袋有多深。

成了肥羊的家屬

接到委託前往現場時，看地上遍布血跡和凌亂的現場，還以為是經歷了入室竊盜殺人案件，細問後才知，委託人朋友的朋友介紹的殯葬業者帶那群工作人員說「進殯儀館需要證件」，為了要尋找往生者的證件，不得已只好「協助」委託人翻箱倒櫃，家裡任何一個抽屜都沒放過，留下四散的雜物、掉落的抽屜、驚慌害怕的家屬。

「證件找到了，很多的東西也不見了。」委託人說道：「我不敢質問他們，我還要靠他幫我爸辦喪禮，要是他生氣了亂辦，我會對不起往生的爸爸。」

為何找我，因為他看到業者如斯翻箱倒櫃時，卻又說可以幫忙清理，覺得委託他們清理會更糟糕，因此將我找來。

對談中得知，他已失業經年，不斷燃燒著早年工作累積下的儲蓄，直到最近才在外地找到新工作，如今家中遭逢巨變，應當量力而為之，當他和殯葬業者訴說自己只剩下那些積蓄時，似乎也是告知著對方：「我還有那麼多的錢可以讓你賺喔！」

接下來就是更添•話術大匯集。

「禮儀師說儀式要多做，這樣才能讓家人領收功德。」所以他法事做好做滿：紙錢、蓮花、紙紮不斷。

「公塔•不好，要去有品質的私人塔位，人家一個塔位幾十萬，服務當然比幾萬的公塔好，而且公塔很多都是原來的墓地改建，不像私人塔位都選在風水寶地，爸爸住在那裡好山好水才開心啊。」於是買了一個要價不斐的塔位。

「你只有一個人不好祭拜，現在沒有人在家安放牌位了，大家都想把家裡的祖先牌位請出去，你要買一個祖先牌位在塔位這邊，這樣平時也有人幫你祭拜，塔位跟牌位兩個都在一起祭拜比較方便。」所以又更添了一個「很貴的」牌位。

「盧先生，禮儀師說農曆七月不宜晉塔，所以要寄放在外面會館等到合適的日子，爸爸的牌位也要寄放會館等一年後立新牌位，這些要好幾萬，可是我辦喪禮跟買塔位還有牌位已經剩沒多少錢了，該怎麼辦才好？」

這業者是遇到傳說中的肥羊了，為了榨乾他，充實自己的荷包真的是無所

- 更換添加服務項目與物品升級的意思。
- 政府所設立的公立公墓納骨塔。

不用其極。

「請你繞過禮儀師跟塔位業者說，爸爸要原位暫厝，牌位要化香火寄放，那邊的塔位會配合的，不要再花錢了，省一點錢為了未來的生活才是要緊。」這些話被業者聽到我應該會被滅口吧。

我瞬間以為回到了從前，看到一個為了彌補遺憾，卻掏空自己一切的家屬，與一個為了自己的錢包，無所不用其極的讓對方掏錢，卻沒有設身處地為對方安排最為合適作法的業者。

4.
祭拜

祂需要領受的不是香火與禀告，
而是去往下一個旅程。

華人世界重生畏死。朱熹《神滅論》中提到：「人所以生，精氣聚也。人只有許多氣，須有箇盡時。盡則魂氣歸天，形魄歸於地而死矣。人將死時，熱氣上出，所謂魄降也。此所以有生必有死，有始必有終。」認為人死為鬼，於死後轉化成靈魂並存在另一維度空間與人們共存。

人們在人死後透過很多宗教儀式去接引安魂定魄的法事科儀，因人們普遍相信不安定的靈魂侵擾人間，而自殺身亡者，其靈魂之中充滿了貪、嗔、癡等執念，其魂魄難安定、流連人間•。

或許是因過去很多影像紀錄片中都有出現死亡現場清掃的祭拜儀式，所以很常被問：「你們在現場有進行怎樣的宗教儀式？有拜拜嗎？或是灑聖水什麼之類的？」

雖然我們團隊中有「太子爺」的乩身、跳家將的領班、虔誠基督徒，每個

• 丁一峰《宅的異變——紅衣自殺探討》。

人都有自我的宗教觀與信仰，卻沒有人會在現場進行任何的祭拜儀式，我們都覺得自己只是來幫忙打理環境，沒有做壞事，不需特別祭拜。

對於禁忌，保持敬重的心意就是把事情做好，好好做事，不要亂想就不會害怕，有時禁忌是因無知而誕生。

民俗與人情的拿捏

網路新聞上看過，某位禮儀師在處理個案上吊案件時，因為忘記學姐的囑咐：「若不是死者家屬絕對不能主動動手抱下個案。」親手將個案遺體搬了下來，沒想到一個月後，這名禮儀師，也被人發現以相同的方式輕生。

好一個驚悚的禁忌話題，好一個穿鑿附會的故事。

如果禮儀師不能處理死亡現場，必須讓個案家屬親自來，那要你何用？身為殯葬業者不應該只是對生命禮儀有專業瞭解，也須在家屬面臨恐懼與困難時，伸出援手，適時地提供幫助，如果總是擔心怨氣反噬，而不敢做那不敢碰，那禮儀師的意義何在？

難道就只是幫家屬打氣加油端茶遞水，然後指導家屬如何把遺體放下來。接著跟他們說：「剛才辛苦了！接下來我要帶家人（亡者）去冰櫃休息了，你們也要節哀好好休息喔。」

如若有冤，豈是害到是其解放之人，亡魂有知，豈會對無冤仇的禮儀人員進行報復？民俗民俗，在民俗與人情之中，這樣的舉措是否太過殘忍？家人親手解下繩子、抱著遺體，是怎樣的心理傷害？

生前、生後的各自旅程

悲劇發生有很多的可能。輕生，或許有各自的原因，若要將兩者扯在一起，倒是覺得太過了，無禁自無忌。

沒有太多禁忌，自然到了現場便不進行祭拜。我的觀念裡認為人有靈魂的存在，而死後靈魂就有該進行的旅程，亡者因不同信仰而有各自去處，比如天堂，或是進入中陰身的階段，而祭拜儀式過程便有「呼請・」的過程。在這儀式中，招喚往生者的靈魂回到了現場，當祂看到了自己生前所居住的環境凌亂不堪，軀體雖已不在，卻留著污血殘渣，滿布蠅蛆的現場，本來不喜歡別人來家裡，這時卻看到那麼多陌生人進入祂的居所，這會比較好？還是讓往生者更為難過或惱火，阻礙耽誤了祂的修行之路？

如果清理完後進行祭拜，既然都已處理完畢，何須讓祂再重新到來這個環境，如果還讓祂特地過來一趟，有何幫助？祂需要領受的不是香火與稟告，而是去往下一個旅程。

他人因著自己的宗教觀念而進行的儀式行為，不代表我們應該要照著做，死者有感，靈魂有知，回來清理前的現場是對祂二次傷害，清理後再來也沒意義，那不祭拜或許是比較好的方式。

關於不祭拜

這時有人會問：「那你不祭拜，不怕遇到鬼嗎？」

在《論衡．訂鬼篇》：「凡天地之間有鬼，非人死精神為之也，皆人思念存想之所致也。致之何由？由於疾病。人病則憂懼，憂懼見鬼出•」。

我國自古以來認為人死後沒有適當地受到祭祀，便會成為厲鬼的存在而影響世間之人，抱持此信仰觀念會對此造成恐懼，認為往生者因為會帶給人主觀上凶死而未得善終妥善處理之觀感，就算不是自殺或是他殺，而是孤獨死的情形，當人於住宅中死亡多日後，才因為發生惡臭或其他情況下被人所發現之情形，還是讓人認為其往生者的鬼魂無所歸屬，而轉化為厲鬼。

• 呼叫請求、召喚之意。
• 〔東漢〕王允著，袁華忠，方家常注，《論衡全譯》。

或許現場本無鬼，但是因為祭拜過程讓更多好兄弟一同來到也不一定。至於有沒有鬼，我相信有的，只是不一定會遇到，在一般情況下，只有三種人會遇見：「其所愛的」、「其所恨的」及「能為其所提供助力者」。簡單說就是祂所愛的、恨的及能幫助到祂的。

所以會顯現在所愛親友、有芥蒂者，或是能夠幫助到祂的司法人員或是有感應之人，至於我不過是來清理，無法提供任何幫助。

如果遇到的話，那就遇到吧，我又沒做錯事，祂會對我怎樣呢？彼此井水不犯河水，祢就展現靈異現象，我就繼續工作就好，如果因此有個萬一，大不了變成跟祂一樣的存在，投身鬼後雖然祢算我學長（姐），但到時我們身分一樣，再來看誰比較厲害。

做這工作也不能說沒遇過怪事，但很多情況都可以用科學詳加分析其原因為何，就像在喪禮過程中，有很多的禁忌與禮俗，其實都是出於當時的人權、公共衛生、以及親友鄉里間的風俗而誕生。

死亡現場清掃，不單只有伶俜（飄零孤單）之死的因素，還有關於自殺、他殺等現場需要清理。

這工作與死亡為伍，不免蒙上一層神秘的面紗，既有不明之冤，認為必然有邪魅作祟。

因此就有了相關從業人員在清掃現場所經歷的鬼故事。接下來我要說的，是在現場所經歷到的真實事件。

是科學或是鬼神，全在個人

那是一個兇殺案現場，亡者因細故遭到無情殘殺。現場布滿血跡，雖稱不上血海，但那流出的鮮血匯聚成血漥，訴說著不幸。

生死無常，工作如常，一樣的，清理著汙染處，照樣的，讓此處重回潔淨。

人是脆弱的，生命，被幾顆子彈終結，憤怒是可怕的，一時氣憤讓數人殯天。

清理行兇者在浴室留下的汙穢，正蹲踞著抹除血跡時，突然聽到「波」的一聲，猛然回頭，就看到馬桶噴起了水柱，我並未多想，只是繼續手邊工作，沒多久，馬桶便自動沖水。

是我打擾了靈魂的安息？

雖然突然發生這樣的事情會讓人嚇一跳，還是要將委託完成，我默默闔上馬桶蓋，繼續我的工作。直到清理結束後便收拾離開。

是我沒有打招呼？還是我哪裡冒犯了？是什麼對我表達著抗議？

或許這真相是……。

因為現場在二樓，各樓同時沖馬桶時因壓力差出現反水現象•。又或者是立管轉拐處的漏斗狀被堵塞，造成馬桶反噴情形。

這樣的現象用科學得以解釋，卻被認作成靈異，是值得對人訴說的奇妙經歷，也是奪人耳目的談資。

是科學是鬼神，觀其所決。

撞鬼時的專屬法器

當然在工作過程中也曾遇過無法解釋的事情，那同樣是一個刑案現場，一位從事八大行業的女子把她承租的小套房當作個人工作室，卻不知是何故，被客人亂刀殺害。當接到屋主委託前來清理，只見四處都是血液噴濺痕跡，還有行兇者試圖湮滅證據卻徒勞無功的髒亂，反而場面更加糟糕。

進行清理時，因為無異味，附近也沒有住戶（聽到這裡發生命案全都跑光

• 管道出現了堵塞現像或者是排水不暢現象的時候，管道裡面的污水就會產生積壓，當污水積壓到一定高度時，積水就從下水管道口或者是地漏口、馬桶等位置倒灌出來的現象。

了），屋主也沒留鑰匙給我。避免不小心把自己鎖起來，就沒有收起卡榫，將門虛掩著，誰知無風的廊道，門卻開始開開關關，卡榫撞擊門框發出叩叩叩的聲音。起初還以為是風把門給吹動，後來一想，室內哪來的風。才這樣想，門還是緩慢地打開，又開始關閉發出聲響，雖然不會怎樣，但是突如其來的聲音也會受到驚嚇干擾工作的進行，如果把門關上，只怕進出時不小心把自己內鎖就糗大了。

是怨念而產生的騷靈現象•！從小開始看《靈異教師神眉》的我只想到這個答案，該用從宗教研究所學到的儀式來解決目前情況。

於是我從工具袋裡拿出了我的「專屬法器」，這個「法器」是遠渡重洋來到臺灣的Milwaukee M18FID3-502X無碳刷衝擊起子機，心中大喊「惡靈退散」接著用物理驅魔的方式把門拆了，為了以防萬一，避免其它突發事件，例如窗戶開始開開關關，所以連窗戶都卸了下來，心想：「哼哼……總不會連拆掉的門窗都會飛起來，飛起來我也認了。大不了我跑給祢看。」就繼續清理的工作。

還好，可能拆下來的門窗還挺重的，清理期間沒有發生其它詭異的事情。

• 騷靈被認爲是一種鬼魂，它們會造成一定物理上的干擾或破壞，比如製造巨大的噪音、移動或毀壞物體。

5. 轉行的經過

活著，
就是一種高難度的挑戰。

臺灣在二〇二一年五月因為新冠疫情爆發而實施三級警戒，無法待在二十四小時營業的速食店或是網咖的無家者，只好又回到了街上，而那些本來有棲身之所的弱勢，因為工作機會的減少，本來靠打零工、日結領取微薄薪資的人，因無法繳納房租也只能當起無家者。

三級警戒時，網路上不斷的有著這樣的宣言：「全世界看好了！我們只示範一次，兩週內解除三級警戒！」但隨著時間不斷的延長，生活也起了很大的變化。

起初也沒想那麼多，想說那就乖乖在家當個死肥宅就好，沒想朋友傳來訊息，臺灣社區實踐協會•需募集些食物給弱勢，一些本靠著做臨時工作而收入不豐的家庭，突然間無法上班，失去收入來源，如今更面臨斷炊的危機。

• 「臺灣社區實踐協會」是扎根在萬華區新安里的社福團體，在社區據點中提供兒少課後陪伴，以及家庭生活支持。

看著他們開出的清單，嗯……這三小！

原本想說三天分的糧食，應該是白米、青菜、肉類跟雞蛋，沒想到只需要麵條、吐司、罐頭等食物，量也不多，還要募集也太麻煩了，便攬下這項委託自行處理。當跟一位外號叫做秋刀的朋友一同採買時才發現，在這萬物皆漲，薪水不漲的現代，簡單買幾個家庭三天分的食物就花費了不少。如果疫情持續下去，這些家庭該怎麼辦？

到了隔日，涼粉•把自己在萬華的店面改為臨時物資站，我們幾個好朋友在物資站設立的當天就去幫忙備貨，採買像是八寶粥、餅乾以及飲用水，並將募集來的物資給予NGO，讓社工發放給臺北車站、艋舺公園的無家者。

立青•請我想辦法生個幾箱水，雖然他一直要我去殯儀館、禮儀公司蒐集，那些瓶裝水應該就夠臨時需求了，但還是把腦筋動到了政治人物上，反正他們宣傳都發那麼多礦泉水了，這次拿一點來做公益應該不為過吧，於是立即通知某立委助理後開著車前往搬水去。

當我們拿裝著口罩、飲水、餅乾、還有方里長•的麵包送到臺北車站後，看著夢想城鄉•社工分發著物資給予無家者，並開始對我們介紹為何要這樣做。

三級警戒下，這些無家者無法去做舉牌工等日結的工作，公共場館關閉，廁所不能使用也無法順利取得飲用水，在一些慈善單位也停止提供餐食的狀況下，無錢、無糧、無水該怎麼辦？

難道像明代的流民一樣到處流竄尋找生存的可能？這些無法攝取足夠的營

• 萬華在地店家「涼粉伯」第二代老闆，外號爲「萬華美少女」！
• 《做工的人》一書作者，現爲友洗社創負責人。帶街友與弱勢到各個學校與公共場館去洗地。
• 方荷生里長，外號爲「地表最強里長」又稱「南機場土地公」。
• 「臺灣夢想城鄉營造協會」自二〇一四年深耕萬華，透過藝術創作、故事述說方案，陪伴經濟弱勢學員，修復內心的挫折經驗，重新找到生活的意義。

養，沒有適當防疫用品的人，勢必將造成疫病的傳播！基於防疫的立場，避免全境擴散，用物資的發放讓他們留在原處而不到處移動，並給予防疫裝備，才能有效的控制疫情。

死亡，要承受的是悲傷

病毒，要用勇氣去承擔

在這幾個月，白天到萬華的臨時物資站協助物資的整理與轉運，我沒有號召能力、沒有募集聲量，至少還能做點事。有時電話接到通知，需要協助支援接運染疫病逝的遺體入殮火化，更有甚者，有些隔離在家中卻不幸死亡多日才被發現，必須處在悶熱、惡臭、病毒與腐爛間，用最快的速度進行遺體接運。

汗流得再多，雙手不敢碰觸自身，不管多麼悶熱，不敢有一絲縫隙，護目鏡裡面開始匯聚著汗水，眼前的視線越發模糊。

工作結束後，不忘對自己拚命噴灑酒精，一直清洗雙手，回家後，不斷搓洗自身。

面對死亡，要承受的是悲傷；面對病毒，要用勇氣去承擔。

到了隔天還是一樣去物資站整理，因為怕太多人聚在一起造成感染的風險，物資站永遠就那幾位，少了一個人怕給大家造成負擔；一樣的，電話一來，不是去進行死亡現場清掃，就是前往遺體接運的路上。

隨著警戒時間不斷延長，需要幫助的人越來越多，物資卻日益減少，一次要照顧五百多名的無家者，是筆不斐的開銷，多虧各方的援助，使得物資尚且足夠，並且用多的物資來幫助更多需要的單位與弱勢，只是能夠撐到何時？

在那期間，各式社會資源轉向援助更需要的地方，任職居護所•的朋友問我，能不能幫忙募集一些物資給予個案家庭。當單位前往照護臥床的癌末老爺

•居護所即居家護理所，是專業的居家照護機構，須由衛生福利部核准設立。

爺時，得知這個家僅剩下兩百元得以花用，便趕緊通報社工協助。但在社福的力量介入前，必然有幾天的空窗期，只有兩百元，這幾天一家人的三餐該怎麼辦？於是聯繫友人一同物資站申請物資後前往協助。

這兩百元，對一般人來說，是稍微奢侈點一餐，來個雞腿飯加珍奶，就會花完的費用，卻是他們一家所有的財產。

途中，經過了麵包店想說順便購買麵包等方便即食的物資。

抵達目的後，便拿著沉重的物資循階而上。當拿著部分物資一階階的往上爬，抵達頂樓加蓋的六樓時，覺得有些腿痠氣喘，而這卻是老人家每天回家的必經之路。

眼前是一間狹長破敗的簡易建築，潮濕悶熱的室內，僅有一台抽風機嗡嗡叫著，努力送風讓室內產生微弱對流，卻揮散不去這陰鬱絕望的氛圍。

這樣不友善的租屋環境，卻是不得不的選擇，一家人每月僅依靠低收補助一萬餘元過活，而房租，卻已佔去一半以上的支出。

為了有足夠生活空間，就要有所犧牲，而每月剩下不到六千元，是一家三口一個月僅有的花用。六千元，可能是有些人一頓大餐的花費，可能是一個人一個月的休閒消費，這三口之家卻要藉這六千元度過一個月。

當物資送達簡單的寒暄後，請老奶奶稍等，我還要再去搬其他物資。和友人拿著物資重回六樓後，奶奶不斷對著我們鞠躬道謝，斗大的淚珠流了下來，她手拭著淚說：「你們怎麼這麼辛苦搬上來，這樣太不好意思了。流這麼多汗對不起，是我們的錯，太抱歉了……對不起你們，讓你們送東西來這裡。」

阿公也勉強地站起來一直問著我們會不會熱，想拿涼的給我們。我們連忙拒絕，並趕緊請他回去休息。

能做什麼？不能做什麼，僅能和她說別難過，這也是大家發自內心給的物資，我們只是出點力氣幫忙送來而已，疫情嚴重，要好好休息，照顧好自己。說完便隨即下樓離去。

墜落，不曾停止

死亡或許是個解脫，也可能是另一個不幸的開端。

本該是安享天年的父母，如今受著病痛的折磨，拖著癌末病體能活一天是一天。活著，是為了能夠照顧因交通意外而導致智能障礙的孩子。本該是家中的頂梁柱，因著意外的來臨，從照顧者成為被照顧的那位。

父母面對病魔與照顧的壓力，病缺之身，不得休息，對生存的渴望，對家人的不捨，是活下去的動力。

無業、失能、失智、障礙、病痛與貧窮的壓力，一層一層的壓住這個家。帶著另一種心情拾級而下，一級一級的樓梯，遠離頂樓的陽光，卻也讓我逃離這一家看不到未來的陰霾。

朋友在回程中問我：「他們未來該怎麼辦？」

我平淡地說：「雖然不至於挨餓受凍，但我想，迎接他們的只有死亡。」

這時，他流著眼淚哽咽道：「真的就只能這樣嗎？」

我說：「這就是社會底層的日常。別想太多，我們根本也幫不上忙。」

這些物資能夠不為飢餓而煩惱，卻無法帶給他們希望，所謂的谷底翻身，只是句激勵的話語，現實是他們正持續的往下墜落，過程中，迎接這個家的只有病痛、貧窮與死亡，直至無間。

現實很殘忍，在別人的困境中，慶幸自己所擁有的，在絕望中，集合大家的力量，在某一天帶來希望。數天後得知，老爺爺已經前往另一個世界，留下的家人，帶著分離的情緒，繼續過著未來的日子。

活在這現實的地獄，迎接他的，必是天堂。

活著，真好！

多少人染疫、多少人被隔離、多少家庭破碎，又有多少生命消逝。

活著，真好！

疫情期間，隨著染疫人數每天加增，死亡數字也毫無下降的趨勢。店家倒的倒，關的關。心，沒了安定處。何時才有結果。到頭，殘存亦末路。部分疫情衝擊下的失業者，對未來已無盼望，走上那自我了結之路。

我直到這次事件才下了決定，受人以魚，不如授人以漁。既然不好找工作，那就訓練他們技能可以增加競爭力，缺乏之時伸以援手，無慮之時，授予技能，使其能夠自立。

她什麼都沒有，卻還有病

那是在一間破舊的平房，餐桌上的飯菜早已發霉腐敗，盤羹剩肴讓蟑螂飽食。進房後，屋主迎接我們的到來，她沒說話，也不能說話，身上爬滿蛆蟲的她就懸掛在那等著我們，讓尋求解脫的她解脫。直到將束縛住她的繩索剪斷，她的靈魂才得到真正的釋放。

地上那紙確診證明被穢物浸透，述寫著對生的絕望，也激起我們對疫病的恐懼，她什麼都沒有，卻還有病，何時才是盼頭？

《聖經》，傳道書9：5，10：「活著的人知道必死；死了的人毫無所知，也不在得賞賜；他們的名無人紀念；凡你手所當做的事要盡力去做；因為在你所必去的陰間沒有工作，沒有謀算，沒有知識，也沒有智慧。」

悄悄鑽入生活的夢

睡眠是最接近死亡的過程，夢，是另一個世界的展現。清理完現場後，一切都應結束，沒想，一夜、二晚、三夢。我看到自己懸掛在半空，看著腳底的景象，看到底下的地板從原來的潔淨，任由染上那曼珠沙華•的紅，花開自有

• 石蒜，又稱「彼岸花」。

凋零，枯萎的花朵艷紅不再，取而代之的是那如泥沼般的血汙。

我死了，僅憑欄桿支撐著一條繩子與我，任憑腐朽，隨蛆蟲啃咬，我無知無覺，卻感到自己開始發臭，那腥臭的味道充斥在整個空間。

在夢中，我看到自己和同事走了進來。沒人說話，彼此卻有默契地開始整理各個角落。沒人分心，都專注在眼前的工作。沒人看到我，我就一直吊在那兒，直到夢醒。

案件已經結束了好幾天，現場的樣子卻每天在夢中不斷重現。

我是亡者，我是工作人員。我流著血，我在清理地上的血汙。

我製造了汙穢的環境，我還原了現場的樣子。生和死，不斷交替，每晚的睡眠，卻讓自己更加疲累。

不濟的精神，卻還是要強自振作，迎接下一個委託的到來。

每晚，我掛在繩子上，醒後，開始思考著生存的目的。成就自己實現未來，靠著盼望，努力地過著每一天。然而若生活於願望之中而沒有希望，就是悲哀。當看不到希望，願望也無法成就時，人生，還有什麼可以依靠？

見證了許多腐臭敗壞的混亂場景，看到了家人的憂傷與苦楚，反而堅定了繼續這工作的目標，「死者安，生者慰。」越用心在此，留在心中的越多。

一個社會企業的誕生

疫情後，更加見證所謂的蕭條，對於弱勢者，他們的工作機會更加渺茫，每天能做的僅是簡單低薪的工作。五百到一千兩百元，是他們每天工作可能領到的薪資，還不一定每天都有，相比之下一天一千多元的粗工，可能因為年紀（平均六十歲以上）、體力（很多街友有生理上的疾病）、技能（沒有人授予維生的技術）等因素，無法得到這份工作；需靠著站在街頭舉牌、公園街道清掃所賺得的薪資維生，少許的金錢，扣除生活必需後還能剩下多少，能夠存下來的更少。租屋，也需要一筆費用，要存到兩個月的押金跟一個月的租金，要到何年何月？有個遮風避雨的處所，僅能遙想。

所謂的慈善，不只給予，更要個案能夠重新站起來；使人溫飽容易，讓人獨立卻很困難，就這樣，一個社會企業•誕生了，跟立青一起成立的「友洗社創」。

一個不知何時會倒的社會企業帶領著弱勢去為弱勢服務。

• 社會企業從事的是共益性事業，它透過社會創新以及市場機制來調動社會力量，將商業策略最大程度運用於改善人類和環境生存條件，而非爲外在的利益相關者謀取最大利益。

Chapter 02

特別的職場夥伴

我們是街友，
也是可靠的清掃隊友。

1. 社會的回饋

努力接住，
社會安全網接不住的那些人。

朱門酒肉臭、路有凍死骨。

凍餓而死在現代社會還是經常發生，或許會覺得在我們國家不可能，有那麼多的慈善單位與善心人士加上現今社會福利制度下，不應該發生這種事。

但就我的工作經驗中，還是有個案因為貧困加上非福利身份的因素，缺乏足夠的食物導致營養不良而身故，在街頭因著天冷而猝死。

我國的社會福利政策建立在「貧窮」與「年齡」這兩個要素上，當實質達到某一要素後才得以領取社會福利；而許多個案，因其在某個地方持有幾分之一的土地或是一方的破瓦寒窯，以及年齡未達到我國所定義的老人，所以沒有相關社會補助得以領取。

這樣被社會安全福利與關懷所編織的安全網未能承接住的對象，他只能不斷向下墜落，直到生命消逝。

現在他們還活著，是因為有熱心的人發現問題，但在我們身邊，有多少沒被發現，逐漸虛弱體衰的個案。

沒什麼好罵的，政府的能力有限，不可能面面俱到，很多人仍不斷努力想把這網織得更密，可以托住更多人，只有不斷去做，才能保護更多需要保護的人。

現在，能做什麼？

正當這樣想的時候，平常配合的社福團體就找上門來，說自己有一個很新鮮的個案，很努力學習又有工作意願，但是找不到工作，問我們能不能跟個案見個面幫忙評估一下適合什麼工作？

幫忙評估一下當然沒有問題，於是社工便帶著個案來到了我們這裡，當見到個按時著實嚇了一跳，你沒跟我說個案年紀那麼大啊！

對方是一位看似六十多歲的大姊（後來才知道她已將近八十歲），雖然大姊流落街頭，卻每天把自己打理得乾淨整齊，想要自力更生，但現實卻是殘酷的，連小她二、三十歲的人要找工作都有一定的難度，更何況是大姊。於是乎，僅剩下做資源回收。諾大的歲數與瘦弱的身體，換來的就是撿不到回收物或是被其他拾荒者搶走。弱弱相殘，這就是現實。

她想要工作，但是沒有機會，體力、反應、身體狀況都是阻力。

於是從最初協助評估合適工作的委託，變成了來到我們這兒打零工，平時工作結束後，大姊會來到我們這裡，幫忙同仁清洗因為工作而髒掉的雨衣，來賺取一些收入，看著她如柴的手臂緩慢顫抖倒出洗潔精，每一件雨衣都仔細地清洗不留下任何沙粒，摺疊好的雨衣整齊的收納在包包裡，看得出她很珍惜這工作。

同仁平常請大姊幫忙時會故意多給一些費用，或是「不小心」多買一點東西只好請大姊幫忙吃；若沒工作的話，大姊便靠拾荒維生，自己做資源回收時，經常被其他弱勢搶走回收物資的事情被夥伴們知道後，嘴巴上雖然沒說什麼，但之前垃圾都直接丟在環保垃圾袋，講不聽、罵不動的他們卻開始主動做起垃圾分類，並去一些熟識的店家收取回收物，蒐集分類後交予大姊進行變賣，並且會自行排班陪著大姊一同前去資源回收場。

在這些各有案底，混跡街頭多年，外表又兇神惡煞的夥伴數次陪同下，這些事情也慢慢的在拾荒者圈子中傳了開來，那些原本會搶奪回收物的人也不再對她出手，怕那些不曉得從哪裡跑出來的「孫子」會用「愛」與「熱情」來招呼著他們，使得他們開始收斂起來，不只對大姊，對其他人也不會進行搶奪霸佔。

變賣回收物的金錢不多，卻是她唯一收入來源，年輕街友們為了讓大姊可以把回收物的價錢賣好一點，便引薦她把寶特瓶送進五角拌•變賣。

大家想盡辦法讓她過好一點，或許重新站起來的他們，更懂得那段在街頭的日子是多麼的辛苦，更想要幫艱辛的大姊一把。

然而不是常有洗雨衣的機會，撿回收變賣的金錢也有限，日子卻還要過下去，因此還得幫她想更多賺取收入的機會。

所幸，工作的過程中接到了清理某處值班桌的委託，讓大姊有機會去做。

於是乎，一個奇怪的工作團隊誕生，街友夥伴說怕大姊不知道工作位置，主動陪同大姊去進行清潔工作，接著就站在外面，怕她工作過程中不熟練或是遇到難題時可以援助，在街友伙伴後面還有一位社工偷偷潛伏著，瞭解大姊對於這工作能否勝任進行評估，如果合適的話，以後可以找類似的工作換取一些收入，並且看著街友夥伴，避免大姊被欺負的時候，上前制止與協助他有過激的行為，一個顧一個，有如螳螂補蟬，黃雀在後。

隨著大姊經常來我們這裡洗衣、掃地工作換取報酬，但每到用餐時間，問她要不要吃飯，總是一句：「我不餓，剛剛吃過麵包了。」卻不經意看到坐在角落休息的她，用手指沾著塑膠袋裡的幾粒麵包碎屑放入口中。

是不想要麻煩別人，還是真的不餓嗎？瘦弱的老人家，這樣吃合適嗎？

• 五角拌是臺北市萬華區的在地團體，陪伴拾荒者們，以高出市價的金額向回收者們收取回收物，並依此展開與回收者的連結。

於是隔天先繞去一趟市場買了一點蔬果肉類，抓了點燉補的藥材，之後便在茶水間忙了起來。

同事問說：「你附近吃膩了喔，怎麼自己煮？」

我答道：「等會一起吃就對了。」

有限的空間有限的用具，卻仍在中午前做了一大鍋藥膳雞湯與一些料理，便邀請大姊一起來用餐。

大姊仍是那句：「不用啦，我有吃過麵包了。」

「吃過了喔！沒關係啦，我煮太多了，吃不下來就幫我喝點湯，要不然浪費。」把她「騙」到了臨時餐桌，便幫她裝了碗湯；隨著熱湯徐徐入喉，暖了她的身子，也開了胃口，甚至開始動起筷子將桌上菜蔬夾至碗中。

到現在，不知道能幫大姊什麼，只能靠著偶爾做的一頓飯，雖然成本比外食高又難吃，卻能拉近彼此間的距離，至少也能幫她補充點營養，街頭上像大姊這樣的人還有很多，我幫得了她，卻沒有能力幫助更多的人。

但是隨著日子過去，春去、冬來。

天氣逐漸寒冷，她依然蜷縮在公園，藉著多穿幾件衣物，靠著保暖的睡袋，度過難熬的每一個夜晚，我想幫她租個小房間，好有個遮風避雨之處，但是她卻不願意，她不想欠人，也沒有多的能力去擔負租屋的費用，如果有錢可以租屋，她寧願留在身上去應付任何的未知。

然而多年的街頭漂泊讓身體逐漸地不堪負荷，大姊已經沒有體力在這兒做簡單的工作，加上冬天的濕冷酷寒，讓大姊倒了下去，雖然因為她的倒下，才讓其他兄弟姊妹更願意接納她，但是每天僅能臥床休養，氣色越來越差，想讓醫生看她的狀況，卻被拒絕，她不想麻煩別人，不願讓人照顧這往後必須臥床的老衰之身。

社工與她的最後一通電話裡，她說：「已經活夠了。」

五福，認為是幸福的極致，《書經》和《洪範》。第一福是「長壽」，第二福是「富貴」，第三福是「康寧」，第四福是「好德」，第五福是「善終」。

「善終」是能預先知道自己的死期。臨命終時，沒有遭到橫禍，身體沒有病痛，心裏沒有罣礙和煩惱，安詳而且自在地離開人間。

平靜安詳的離開，少了病痛的折磨，是幸福。

零丁之人，委身街頭多年，受的苦夠多了，對她而言，活著得不到盼望，更怕病癒後，是更多的苦痛，或許，可期之死是這人生故事最平穩結局。

老有所養，這句話已傳頌千年，何時，變老才能不在伴隨著不安、恐懼、貧窮，只有幸福。

2.

生存，就是種挑戰

你不伸手，
他會在那裡躺多久？

從事這份工作時就已意識到，工作成員不單是具有工作意願的個案，在每一個個案背後包含著孤、老、殘、病、弱、瘋等情形，這個社會讓每個人有公平競爭的機會，但那機會是給普通人。所謂的機會，是給一般人，不是給予處在底層的弱勢，除非比別人還要努力、努力，再努力，才有翻身的機會。

從起跑線就落後，只得不斷追趕才能接近甚至超越其他對手，還有部分的人，不只天生差人一截，更有許多障礙拖累，生存，就是種挑戰。

只要你是弱勢，想要活著，就必須拚盡全力，想要翻轉逆襲，更是萬中無一。

公司新來一位由NGO所輔導轉介的二十歲青年個案，是位才剛出獄的更生人。一手因小時候化療產生的後遺症而無法抓握，出獄後因為家庭關係緊張造成家人不待見，身障又有案底讓找工作變為一件難事，無家可歸又沒有工作，僅能暫時住在青年旅館，為了明天的房租與下一餐而發愁。

一次活動中瞭解他的狀況後便跟社工說：「那就來我們這吧，至少跟我們出去工作，有一口飯就不會落下他。」

於是乎，多了一位生力軍，或是多了一個負擔。

至於為何會願意讓身有疾患又是更生人的個案一同來工作，很多人說要三思，這樣等於把負擔壓在自己身上，沒有任何好處。

的確沒有好處，放著不管他絕對沒有好處。

有什麼比窮還慘的

犯罪型態分為很多種，現代家庭關係淡薄，家族間的互助情形不像以前如此緊密，加上高齡化現象，讓犯罪年齡層產生改變，現今高齡化犯罪率提升，是真的缺乏還是起歹心而犯罪？還是因為在獄中，反而可以得到更好的照護，在更有溫暖的環境之中。現今老人犯罪期待用此方式尋求照護、安老的情形逐漸增長。

另一個問題便是貧窮犯罪。曾有社工問過個案，你去現場處理不會害怕嗎？「有什麼比窮還慘的。」這一針見血的回答，是他在此工作的原因，拚命找工作，卻因為外型與學歷問題而處處碰壁，連底層的勞力工作都將他拒之門外，只能偶爾接些臨時性的代班勤務，就算好不容易找到了正職工作，不論多認真努力，許多人也對他照顧有加，卻仍有人會因為他的缺陷進而為難；冷嘲熱諷以及加諸過多工作量等變相的職場霸凌，一開始不以為意，到最後難以忍受，只能選擇離開。

為了生存，犯罪只是為了活下去的另一條路，當你沒有工作、沒有奧援，因為飢餓，有些街友個案只能賣出身分證件，雖知不好，豈有選擇？是要繼續餓肚子，還是賣出僅有資產，過一天算一天，知道會有風險，卻管不了那麼多，結果就無端變成詐騙集團成員，背負許多罪名。

青年選擇偷竊淪為罪犯，是因為殘疾的身體導致找不到工作，感受不了愛的家庭，為了生存，因此鋌而走險。

犯罪是不好，他也受到了應有的懲罰，卻沒有人給予他救贖。「你不伸手，他會在那裡躺多久？」到最後，為了有個棲身之地、為了下一餐，只能重複犯罪的道路。

只為了活下去。

犯罪↓入監↓出獄↓犯罪↓入監↓出獄。

如果置之不理，這便是青年的未來。

努力與過去揮別，與犯罪絕緣

第一次他來工作沒多久，鞋子便開口笑了，社工趕緊為他買了雙短筒雨鞋以方便工作。後來不管在哪種工作場域，都看到他穿這雙雨鞋，於是便問了社工，才知他在這工作前只能做些簡單跑腿打雜來賺取零錢，現在雖然有了工作，但是要把錢都省下來付租住宿的費用，根本沒有多餘的錢花，所以鞋子還是那一百零一雙短筒雨鞋，衣服還是單位給他的那一兩件團服與公司制服。

於是乎，只能委託社工幫忙，帶他去買幾雙鞋子還有衣服，沒有多好心，只是想讓他重拾對人的信心，建立出自己的自信。

適宜的服裝，讓他與過去揮別，從此與犯罪絕緣。

我們討厭別人犯罪，卻沒探討過犯罪的原因，也沒有給予機會，有時這世界因為我們對這些需要幫助的弱勢冷漠以待，從而創造出一個為了生存而不得不走上犯罪道路的人。

讓青年到我們這工作，是希望他能用自己的努力創造未來，然而現實卻是殘酷，每一次帶他去工作時，都必須事先說明我們會帶一位手不方便的個案前來參與工作，卻不會跟業主收取他的工資，他的花費由我們自行負擔，這樣對委託人來說，不用多花錢就多一人工作，還能做好事，基本上都會同意。

但有時也不會那麼順利，雖然先前說：「這是做好事當然沒問題。」當委託人見到他時，還沒開始工作卻開始歧視與批評，一下嫌手有問題怎麼搬東西？一下質疑為何要帶弱雞來做事？

聽在耳裡，傷在心裡，不曉得他會怎麼想，卻只能上前說：「他今天的薪水是由我們自己負擔，也不會造成你的麻煩，如果還要嫌棄他，那我們就不服務了。」業主這才閉嘴。

手雖然不方便，卻很努力地協助打包，整理與搬運，他很珍惜有工作的每一天，卻沒有機會，也缺少能接受他的職場。每一次工作，都能看到改變，能照顧他多久也不知道，如果我們也撐不住了，是否還有另一個友善職場環境可以帶著他繼續下去。

3. 寵物救援

開門帶給牠生的希望，
關門卻讓牠等待死亡。

隨著不婚主義風行，加上離婚率臺灣乃是亞洲之冠且不斷攀升，然而生育率卻大幅下滑、高齡化現象日趨嚴重，甚至有婚姻者，當配偶離世之時，無可避免地成為單身者，其單身獨居情形將逐漸轉變為社會結構中的主要現象。

現代隨著人口結構和居住生活型態改變，少子化，生不如死和獨居化已是不可逆的現象。越來越多人飼養寵物，並以養寵物取代生養小孩，甚至犬貓數量超於新生兒數量。此外，戰後嬰兒潮退休後，兒女大多不在身邊，進入空巢期後便養寵物尋求心靈陪伴。

沒有孩子，沒有伴侶，卻有寵物在身邊，平時溫暖的陪伴、生活樂趣加增、心理寄託、傷心的撫慰……。

公關經理「貓咪」的眼中釘

公司裡的夥伴都很喜歡寵物，每次來辦公室的第一件事就是先擼貓，之後才開始做其他事情，先前長期流浪的他們，對流浪動物特別有感情，平常就會準備飼料餵街貓，覺得他們真的很有愛。

甚至餵貓餵到每天定時會有街貓在門口等待，一隻吃完後就會換下一隻過來排隊。

一位前街友夥伴問我：「怎麼公關經理（貓咪）一見到我毛都會豎起來，然後對我『哈～～～』叫？」

公關經理超級溫馴的從來都沒兇過人才對，疑惑的我說：「你有欺負牠？還是你偷偷在牠便盆大便？」

「喂～誰有馬桶不用在便盆大便，而且牠那麼可愛誰會欺負牠。」他委屈地說：「而且我都會餵牠耶，牠還這樣對我。」

「奇怪，牠不會這樣兇人啊。」我更進一步詢問：「還是你偷吃牠的飼料嗎？」

他說：「誰會吃貓飼料啊！這些罐罐人哪能吃。」才剛說完這句，這時經過的同事說：「他都當著經理的面拿罐罐去餵外面的貓咪，當然會被凶。」

「你拿我的罐頭去餵街貓？還沒跟我講一聲？我才覺得奇怪為什麼罐頭消耗那麼快。」我說：「你好歹跟我說一下吧，你偷拿貓咪的罐罐，難怪牠看到你就生氣，我把你便當的雞腿拿走你會不會生氣？」

他努力解釋（狡辯）：「沒有啦～罐罐比乾飼料好吃阿。而且貓咪那麼可愛，怎麼捨得讓牠們吃乾飼料。」

「你可以自己買阿。」

「沒錢。」

瞬間無語，難怪會被貓咪討厭。「你可以發起一個活動，救救街友，每幫助一位街友，街友就幫助一隻街貓。」

他想都沒想的就回答：「我覺得大家應該不會想幫助街友，會直接去幫街貓。」

好個一針見血的答案。

沒想過的職業傷害

現代，長時間的工作，壓抑的生活，狹小的生活環境，讓很多人選擇寧願養個毛小孩也沒有生育的打算。

但是主人突然在家中離世時，從死亡到被發現之前，這期間可能就是寵物最黑暗的時刻，遭受到的恐懼與孤寂是我們無法體會的。有時開門就看到不知陪伴著主人多久的寵物和主人一同前往另一個世界。主人會被殯葬業業者移置到殯儀館冰存，而寵物，卻繼續待在原地，等待清理時一同處置。

幸運的話，往生者親友或是房東鄰居會將其收編，或是啟門之時，從大門逃竄而出，變成流浪動物，雖非完美結局，卻是一種選擇，至少為自由而付出了努力。

這份工作有很多種受傷的可能，當被垃圾支撐的家具失去依靠而倒下，因此被砸傷；玻璃、碎木劃傷手腳；被那在污染與雜物中無法察覺的鐵釘穿刺。

砸傷、劃破、穿刺、過敏、脫水、中暑、熱傷害，伴隨著每一次的清理。

外加抓傷與咬傷。

清掃會面臨一種情況，當抵達現場進行評估時，雖然遺體已移置，寵物卻還在室內，既沒人收養，也沒有逃出去，甚至因為外人進入家中而受到驚嚇躲了起來沒被發現。現場清理有時不經意間會被潛伏在暗處的動物給咬了一口，牠的牙齒與我的身體進行親密接觸，伴隨著皮膚裂開，血管破裂，鮮血噴湧而出。起初並不覺有任何異狀，直到高燒不退，傷口腫脹，全身痠痛不已。

動物無期徒刑的牢籠

有時家人明知屋內有寵物，卻因為各樣原因無法照顧的情況下，當委託人不願飼養請我們幫忙處理寵物時，起初不知該如何是好，彼此討論得到的結論只有放養或是要我們幫忙送動物收容所。

二〇一七年實施的《動物保護法》，廢除公立收容所對收容動物進行安樂死，但是這些被送去收容所安置的動物，不再倒數十二天清除掉以後，滯留收容所的時間便被拉長，而死者飼養的寵物多為高齡犬貓、不像幼貓犬討人喜愛，甚至會顧慮到動物沒有健保以後須付出高昂醫療成本，因此被認養的機率幾乎為零，收容所反而成為動物們無期徒刑的牢籠。

孤獨死留下的毛小孩

一次遺體接運工作，住戶已死亡多日，屋內有多臭自不待言，在死者躺臥的室內有個鐵籠，籠內擺了很多的寵物用品以及一團抹布。後來仔細一瞧，原來是一隻黑貓！而且還活著，不曉得被關在裡面多久，從飼主死亡那天起，關在裡面的牠只能陪伴遺體，哪裡都不能去，食物飲水空空如也，貓砂盆內卻堆滿吸附屎尿的貓砂結塊。

不知餓了多久的貓咪，看到我的靠近抬起了頭，眼神十分無助，虛弱地喵喵叫著，我很想將牠先抱出來，只是當務之急必須趕緊將遺體先行裝入屍袋。只能等等出門後跟家屬說明情況看怎麼處理了。

將遺體抬出後，我說裡面有隻貓快不行了，等等要不要先把牠救出來，沒想家屬卻說：「我知道。」接著把大門關上表示：「又不是我養的，沒跑掉那就繼續關在裡面，等要處理房子時順便找動保處處理。」

不是他的貓，卻是一條生命，就這樣被遺棄在惡臭的屋內，關在籠內無法逃離，繼續忍受著飢渴。勤務中必須將任務做為優先，我想說什麼，卻沒辦法說，待勤務結束後，我問家屬等等可以去救貓嗎？

「急什麼？！」家屬沒好氣地說。「一隻貓而已，到時再處理就好。多關一、兩天是會怎樣，如果死了也是牠的命。」

對於此事，我無能為力，我們開門帶給牠生的希望，而關門卻讓牠希望幻滅，因為沒有接手後續的工作，無從得知貓咪的生死，卻是心中的一道坎。

之後每當聽聞委託人說裡面還有寵物，先不管情況如何，都先立即前往救援，並安排送養或是收養，不是因為愛動物，更多是不想讓遺憾再次發生，讓一條可以挽救的生命消失。

急需救援的牠們

接到委託人來電時，本來沒有打算承接，死者過世將近一個月才被發現，因為房東與家人對於責任歸屬問題還有爭議，最後決定只要暫時清理掉陳屍區域的汙染就好，其他地方都不處理，這種只做一點的方式，在我認知有做跟沒做一樣。有沾染到污物或有味道的生活垃圾應該都要處理，寧可推辭不接也不要後續問題不斷。

正準備要拒絕對方時，委託人卻說：「然後，我們那時候有看到裡面還有兩隻貓，你可以把牠們帶去寵物店洗澡後送去收容所嗎？你看洗澡需要多少錢我給你。」

還有兩隻在屋內關了快一個月的貓！是靠什麼活下來的？該不會是……。聽到關鍵字後，想都沒想便說：「我等等就過去處理，等會見。」說完便掛上電話趕緊將寵物背包跟貓籠翻出，兩位熱愛動物的女同事聽到要去救貓後便放下手邊事務一起跳上了車。

主人已逝、家人無法照顧，得到的結論卻只有，放養或是我們幫忙送動保。

到了現場和委託人會合後，拿了鑰匙就立即上樓，才一開門，就看到一隻貓咪湊上前來討抱抱，一位女同事趕忙將虛弱的貓咪抱起，交給對寵物愛心爆棚對人就……的同事，她抱到貓咪後就立刻帶到樓下進行餵食與安撫。

進入屋內就看到頂蓋被掀開的飼料盆裡爬滿了蛆，雖然噁心，但是聰明的貓咪卻是靠著這些食物而不用啃食腐敗的軀體卻能活下去的保證。

地上那灘血水是飼主倒下的地方，牆上布滿密密麻麻蛹殼，還有受到驚嚇漫天飛舞的蒼蠅，用手揮開不斷襲來的蒼蠅邊進行清理，為何不先除蟲，因為還有一隻貓不曉得躲在哪裡，如果用藥的話就會傷害到貓咪。

好不容易在角落發現了躲起來的黑貓，毛色與背景融為一體，形成絕佳的保護色，所幸同事在找貓時的自言自語，讓貓有了些微動作才能發現牠躲藏於角落之中。

兩隻沾有屍水的貓咪，不爭扎地讓我們抱著。照顧貓咪的同事先行做簡單的照護餵食，擦去毛上的屍水。貓咪都被救出，接下來就是我發揮的時刻了。

不消多時，蒼蠅都被消滅，去除了屋內的蛹殼蟲卵，連汙染都清理乾淨，就連味道都分解掉了。

幸運的結局

和委託人點交後，便帶著貓咪立即開車回辦公室進行清洗，畢竟沾了屍水又帶著屍臭味的貓咪，可能沒有寵物美容敢進行清洗，返程中，同事問我貓咪叫什麼名字？

雖然有找到寵物手冊，但貓的名字都是英文，於是我說：「黃色貓咪叫『踏墊』、黑色貓咪叫『板凳』。在哪邊發現就用什麼名字吧。」

女同事：「要是牠們會說話一定第一個抗議你亂取名字，貓咪那麼可愛你取這麼俗氣的名字。」

我反駁道：「哪有阿，每天來吃飯那隻黑貓我叫牠『阿便•』多有親切感。」

「牠叫『皮皮』！」女同事趕忙說：「不要人家是黑貓就亂給人取這種名字！」

等抵達辦公室後便趕緊清洗板凳與踏墊，糾結的毛髮讓清洗難度增加，過程中彷彿知道我們是來幫牠們的，洗澡吹毛都不吵鬧不亂動，接著先送到社工

• 阿便之名爲動畫《魔女宅急便》的簡稱。

的家暫時中途安置幾天與看醫生，並尋找是否有人可以收養。

只是兩隻貓已經九歲與十一歲，板凳與踏墊的年紀都大了，讓人有意願收養的機率不高，沒有的話，這裡又多了兩隻鎮宅神獸。

幸運的是，貓咪在中途一陣子後就被瞭解情況又愛貓的善心人士收養，此時，我為自己的荷包感到開心。

Chapter 03

環境可以變得整潔，
人性卻難以回到最初：
關於死亡清掃……

1. 天堂和地獄

活在人間，
是活在人之間才叫做人間。

日本NHK電視台於二〇一〇年製播了一部《無緣社會》的紀錄片，描述在現代社會，許多維持人際關係的傳統被打破，人們獨自居住生活，一點一點地失去與社會的連結，而無緣社會中，所謂的無緣分為：無血緣、無地緣、無社緣。指和親人之間疏於聯繫、和鄰居無往來且沒有知心友人，最終淪為在現代社會中孤身一人的景況。

雖然與家人同住，但是在「血緣」情感上仍處在孤立而未能有效連結，有人同住卻無法確保有意義的陪伴，當過去的家庭觀念已逐漸淡薄，家人間依靠著血緣所產生的凝聚力逐漸消散而無法發揮作用，彼此在同一個居住環境生活卻不相過問，即便是家人，卻因著各自生活，無法產生實質的聯繫，關係將日漸疏遠，導致個案在自己的房內死亡多日後，才因異味等情形被家人發現，這並非特例，而是任何人都可能發生的事情。

活在人間，是活在人之間才叫做人間。如果和人失去了連結，是活著？還是死亡？

此處是整潔明亮的天堂，當門扉開啟時，前方卻是地獄，我彷彿開啟了地獄之門。

是孤獨的亡者，卻也是和家人共居者

一個家，一個窗明几淨的空間，誰會想得到房門內，是不一樣的世界；髒汙、凌亂、惡臭……。狹小室內已無下足之處，隨處丟棄的香菸空盒、許多飲料瓶剩下最後一口、黴菌靠著殘留的液體繁衍、零食袋子散落著，堆疊的泡麵碗，還有數之不盡的雜物，層層堆疊，如山之勢。

「他十幾天沒出門了，原來是往生了，難怪那麼臭，我還以為是家裡有老鼠死掉了。」家人這樣說著。「後來味道越來越重，我受不了打開門才發現他走了。」

這是孤獨的亡者，卻也是和家人共居者。死亡未能被及時發現，明明是家人，卻遺忘其存在，直到臭味傳出才被提醒，是家人忽視，還是自我隔絕？所謂的孤獨，是外在的表象，還是內心所建立的寂寞光景？

開了房門，落入眼簾的是那如地獄般的場面，這高度的反差讓我想退回去，回到天堂的懷抱。

那早已塌陷有著深黑色人形輪廓的床墊，稍一施力，當中浸潤的體液便被滲透而出。房內，一個生命離去，卻孕育出更多生機，蟑螂恣意橫行，爬過了隨意棄置的垃圾，爬著爬著，爬上了腿，爬上了身軀，趁小強兄還沒爬上臉頰時，趕緊一彈指將其彈飛。

當日最高溫度三十八點六度，悶熱的天氣，穿著防護衣，戴上防護面具後，尚未開始動作，就感到汗水不斷湧出。他X的有夠熱，北緯二十三點五度以南的太陽像是在炙烤著皮膚，而在北回歸線以北就像在一個大蒸籠裡，不斷被懸浮在空氣中充滿熱能的蒸氣烘著，使得身體不斷受熱。問我比較想待在哪裡？我哪裡都不想待！

以前小的時候，夏天超過三十二度就叫高溫的天氣，現在，在溫室效應的影響下，每當夏日時分，氣溫動不動就飆破三十五到三十六度，穿上防護裝備後，體感溫度都非常有感的要把我蒸成全熟。但我還是沒瘦！我深深地相信「能減肥的是神，不是人！」為了散熱而流汗，穿著防護衣卻無法散去熱度，在熱傷害侵襲之下，隨著動作進行，體溫不斷升高，呼吸越來越短促，頭疼到彷彿頭顱痛到要裂開，不斷喝水，卻趕不上水分流失的速度，上廁所排出來卻是深褐色的尿液，明明是駕輕就熟的工序，體力卻漸感不支。

每流一滴汗水，就感覺體力流失一分；惡臭，那惱人的臭味不斷襲來，就算戴著面罩，仍感不適，不斷克制嘔吐的慾望。曾經看過一本書，有這樣一段話，有人問法醫：「那屍臭味如何克服？」法醫輕描淡寫地回答他：「習慣就好。」他在理論與實踐的過程，得到一個答案：「習慣就好。」看來我經驗不足，到現在仍無法習慣，腐臭襲上鼻頭，翻攪的胃所帶來的嘔吐感湧上喉頭。

為何家人沒有發現？是情感的陌生？生活習慣導致室內本來就充滿異臭？還是對於發生的事情選擇忽略可能的選項？

有許多人認為，只要與家人同住就不會有孤獨死的風險存在，但同居者與死者之間有血緣關係，卻因為某些緣故缺乏了情感聯繫與關心，使得其用血緣維繫住的紐帶寬鬆，導致雖然同住，彼此卻失去了情感連結，發生了在同一屋簷下各自生活這卻漠不關心，家人死亡多日卻未察覺的情況。

隨著持續地清理了垃圾，終於，有條像樣的「走道」漸漸成形，有如陶淵明在《桃花源記》裡所寫：「初極狹，才通人；復行數十步，豁然開朗。」伴隨著不斷移出汙染物、脫水、頭痛，痠痛的不適感逐漸加劇，小小的房間，卻塞滿兩大車垃圾，是空間的魔法，還是惡魔的收納術？在這樣的空間，似乎發生什麼情況都不足為奇；凌亂，是從一開始不想收拾，到後來的不願整理，從起初的雜亂，到最後習以為常，這樣的房間，是怠惰的開始，也是死亡的起源。

而家人間，雖然同居一個屋簷之下，卻做不了什麼，在他們將自己居所打造成天堂的同時，卻有一個地獄在逐漸成形。一扇門，隔絕了彼此間的聯繫，也隔絕了家人間的溝通往來。

2.

爬梳

許久未曾打理過的房間，

裝載著多少寂寞的日子。

喀噹！卡叮！扣咚……啪斯……，聲響不斷重複著，眼前身形瘦小的女子蹲踞在信箱前，將手伸入那失去鑰匙無法開啟的信箱口，想要翻出裡面的信件，想找出任何有用的資訊，想找出任何與死者生前有所關聯的聯結。

看著她蹲低著身子不斷掏出信件與之碰觸信箱所產生的聲響，聯想起家貓在上廁所後，貓砂盆中用牠可愛小貓爪掏弄著貓砂，發出啪沙啪沙聲要掩蓋住排泄痕跡。而她卻是用那雙細小手掌伸入那狹窄的入口，纖細的手指將信箱裡堆疊信件掏出，隨著手的觸碰，信箱擋板敲擊，每次將信件掏出產生摩擦聲，只看到帳單、廣告單、面紙、口罩文宣品、上屆總統候選人文宣出現在眼前。

這些信件，並不能證明樓上的遺體在那躺了多久，卻是對於自己忽於關心的一種救贖方式。

沉睡了多久，才被人發現？在這之前，從大門不斷散發出的臭味充斥整個樓層，住戶如久聞鮑魚之肆，和遺體共處在同一層樓，每日進出卻不覺異樣，或是聞到味道自動忽略，沒有查覺到不對勁，或是如《警世通言》：「各人自掃門前雪。」這句俗諺。反正，門關起來就沒自己的事，等哪天受不了時再去確認是哪裡出了狀況。

直到樓下住戶友人來訪時，電梯門一打開就嗅聞到那不可名狀之味，循著味道從逃生梯往上走，才發現那緊閉門扉散發著一股異味而報警。沒過多久，消防人員使用工具破壞上鎖的門，當門開啟時，早已成為腐敗遺體散發著撲鼻腥味的屋主就躺在門口。

每次遇到特殊狀況，從事接體業的朋友就會請我幫忙。來到這華廈時，住戶、警消、接獲通知的家人此時都聚集在一樓大門口交談著剛才發生的事件，禮儀業者揮了揮手說了句：「加油！我幫不上忙就不上去了！」說完就跟家屬說明接下來要注意的地方；其實我倒挺希望他來充當一下人體空氣清淨機，雖然不能助我一臂之力，至少能用肺淨化一下現場空氣。

戴上手套、鞋套準備進入室內，我左手扶著門把準備推開虛掩的大門時，另一手拿著屍袋，右腳正準備抬起，順勢向前的我，像是被凍結在原地，動作卻停了下來，原本米黃色磁磚地面，大部分已被猩紅的血液所淹蓋，宛如一片血海，我看著地上那片血液匯集成的海洋，彷彿在其中浮沉。

不知原地停了多久，後方同事說了句：「沒事吧？」短短三個字卻把我拉回現實，邁開右腳向前，每一下足起步，地上就留下一個鞋印；口罩隔絕了病毒，卻擋不住惡臭，臭味彷彿有生命，不斷匯聚，緊抓著彼此不放，逐漸在空間中匯聚成一個個漩渦，想引領著我進入那異味空間。

緩緩地呼吸，將沉浮於血海的遺體拖出並套上屍袋，揹著祂進入了電梯，下樓過程中，三名乘客彼此都不出聲，只靜靜聽著換氣扇的聲音，腐敗所產生的溫熱感隔著屍袋傳到後頸使我感到不適，彷彿背上的祂已掙脫屍袋束縛，就這樣赤裸裸地與我接觸，要我感受祂的體溫，感受著祂依然存在。

數字緩緩變換「五、四、三、二、一」，卻感覺每一秒都是煎熬，尚有涼意的天氣，汗水卻不停從額頭滲出滴落，緩緩流進眼眶，強忍著想要揉眼睛的自然反應，只因不想讓未潔淨消毒的手觸碰到身體增加感染風險，只能擠眉弄眼讓淚水流出以沖淡眼中的不適。

相驗手續完成後，陪著家人回來現場，混亂的場面，讓他們只敢在樓下等待，我又重新進入屋內協助尋找一些或許遺漏的物品，及可證明其實並非離世如此之久的證據。

僅是可能，能找到的，只有沾滿屍臭味的皮包，凌亂的房間，除了滿地空罐、菸盒與血汙外，便是垃圾與堆積灰塵的雜物，許久未曾打理過的房間，多少寂寞的日子。

家人並非疏於關心，而是一時未察，認為這些日子未能聯繫到，以外送維生的他，可能因為接觸到染疫之人而被送往隔離，所以暫時聯絡不到人，沒把失聯一事放在心頭上，或許是答案，或許，是讓自己好過的理由。

於是就有了開頭那家人不斷的將手伸入信箱一幕，堅持從裡面翻找出任何信件，看著這些被掏出的東西，是家人探明真相的過程，還是藉這過程想找個理由來撫平心中的傷。

待得將信件爬梳確認後，開始上樓進行清理工作⋯⋯。

3. 稻草

家人最後掛念的，竟只是亡者遺留的財物。

整棟透天厝在其他房客得知不幸事件後，早已嚇到搬離，只剩零星數人回來打包行李便匆匆離去，當接受房東委託來到這裡時，看到旁邊還站著兩位撐傘遮陽的人。

是亡者的父母站在房東身旁，只下達一個指令：「趕快找出值錢的東西交給我們。」

並對身旁的房東說：「先跟你說好喔，你自己說會幫忙出錢辦後事，我們只是來這裡拿東西，沒有要付錢喔，不要跟我們討清潔費。」

房東：「不會跟你們拿錢，只是我不敢拿這些東西，也怕我們以後有爭議，才要你們來一趟。」

很扯，卻呈現人心最冷漠現實的一面，「親緣」在此只是一個諷刺的名詞，沒有實質的意義，彼此之間空有父母子女的稱謂，卻無情感的連結。

家人最後掛念的，竟只是亡者遺留的財物。

散不去的氣息，揮之不去的怨恨

門裡門外，彷彿兩個世界，進入房內，每向前一步，身體好似把利刃，劃開這凝滯的空間，就算穿著防護衣，仍感覺到無數的觸手撫觸全身，撩揉纏繞著身上每一個部位。

散不去的氣息，揮之不去的怨恨。

隨著前進的步伐，空間的撩動，氣流的變換，讓濕黏的空氣彷彿愛犬的舌頭舔舐著臉龐，口水殘留在我那唯一暴露在空氣中的部位，還沒開始工作就感覺防護衣緊貼我的身體。

雜亂的房間，腐臭的空氣，骯髒的環境，死亡的場景。

才剛開始動手整理，就聽外面喊著：「好了沒有？」、「找到了沒有？」

這分工作最奇妙的一點就是，有些人認為他們想要的東西會完好的擺在桌上，只要踏入現場，這些顯眼而又隱密的物品就擺放在那等著我去拿，以為一切都是那麼的自然，一點也不用刻意去尋找，就只差上面寫個紙條「僅限盧拉拉拿取」。

我不回話，伴隨著催促，繼續做著現下的工作，將找到的零錢交予他們，他們邊把零錢放入包包邊說：「還有嗎？」

我脫下面具，和他們說：「應該還有，需要時間找，請等會兒！」說完便戴上面具再次進入現場。

不到五分鐘的時間，就又聽到門外的催促：「找到沒啊！」、「外面很熱，你快一點！」

熱？！穿著防護衣在裡面工作的我們呢？做工的人何時可以得到尊重？

找到相簿、個人資料和包包後，便再次將物品交予對方，當亡者的家人在翻找包包內為數不多的財物時，卻將相簿丟在一旁說道：「別拿這些不重要的東西，再進去找找看還有沒有錢或存摺，趕快拿過來，我趕著離開。」

聽到這些話，我火氣陡然上升，還沒摘除面具便罵了起來：「催！催！催！催催三小啊！你們趕時間不會自己進來找嗎？怕臭是不是，我裝備借你啊，要不然你是在急什麼！你當我變魔術的啊，要什麼就立刻變出來！」說完我便轉身回到了現場。

亡者父親在我背後大聲回：「你在歹（凶）啥？」、「蛤！對阮大小聲是衝啥！」、「叫你拿個東西不行啊？」

我不搭話，就繼續做自己的事情。

原來，錢才是你的家人

桌上恣意散落的紙張中，其中有一張紙對折再對折，讓人忽視卻又令人在意，拾起紙片攤開後，是遺書，上頭用各色的筆寫著不同句子，未及細看，趕緊交予家人；未想，當家人接過我手中遺書時，看了一下，便揉成一團丟棄至旁邊的垃圾袋並說道：「幼稚，以為自己是小孩嗎？分段還用不同顏色，寫給誰看？就是那麼白痴才會自殺。」那表情、語氣沒有絲毫不捨，沒有強掩悲傷，只有輕蔑，彷彿他只是個旁觀者，房東才是亡者真正的家人。

稱之為「父親」的那位男士說：「再進去找有沒有值錢的東西。」

彷彿，作為亡者的家人，他們現在所要盡的責任除了認屍、拿錢、入殮前確認遺體外，其他都是房東的責任，家人此刻連一個外人都比不上。

我聽他這樣說著，不禁光火。指著父親問：「來，我問你，你多久沒見到你兒子了？」

可能是我表現得太火爆，只見他顫顫巍巍地說：「快二十年……。」

「快二十年，那麼久沒見，你不關心他為什麼自殺，你只在意留了多少錢！錢比較重要就對了！再怎麼樣都曾經是你們的小孩，他是做了什麼事讓你們把他當成陌生人。」

只聽那位母親放開喉嚨嘶聲喊著：「他當完兵就離開家了，那麼久沒見，早就沒感情了，我們要不是警察通知才不願意來，生他養他那麼多年，剩下的錢我們當繼承人拿走當作他報答我們也是應該的，其他我不想管啦，這些你懂啥。」

「懂三小啦！錢錢錢，想要錢現在跟我進來找，妳不想管就不要要求那麼多。」原來，錢才是你的家人；此刻，我彷彿能理解當年他為何離開，沒有愛的地方，能否稱為家？

此時，房東出來打圓場：「好了好了，都冷靜。現在那麼熱，我帶他們先回去，你到時候有找到貴重的我再幫你轉交給他們。」說完便帶著二位離開了現場。

殘缺的人生

我撿起地上那裝有遺書的垃圾袋，走回現場繼續整理。還沒從先前情緒中平復，我拿著鐵撬奮力敲打要丟棄的衣櫃，沒幾下，衣櫃就解體了。

不起眼的角落中，找到了一疊文件和照片，照片是一隻右手，一隻沒了中指的手，諾大的傷口從原本中指根部的位置開始撕裂，直到接近腕底處的位置。

照片裡腫脹的手、黑色的縫線、暗紅的血跡，殘缺的人生。

「病痛都好了，傷口不會痛了。」我暗暗低語。

我轉身拿起被揉成一團的遺書，將其打開，歪斜的筆跡，五顏六色的字，是一段段的心情變化，每一個段落，是每一個落在亡者身上的重擔。

破碎的心化成不同顏色的筆，用殘缺的手，寫下每一個歪斜扭曲的字。沒有未來的人生，在絕望下，走上了極端，如果真的有人關心，或可挽回，只是，這個人，在他的生命中——「從缺」。

死亡不是家人來此的理由，財物才是

大江健三郎在文章中提過，「有著一條寬鬆的紐帶維繫著自己與家人之間，聯繫著雙方，彼此之間相互的關心與在意，卻又不會過分限制對方的自由，用這最適切的距離保持最美好的關係。」

親子，這情感的紐帶是靠什麼來維持，當這紐帶已無法維繫住彼此，活著不往來，死後，死者是家人？還是親人？

有時覺得這樣是特例，卻沒想到類似的案例卻也重覆上演，接到一位年輕人在浴室死亡多日後才被發現，於是我到現場先行評估狀況。

當家人與房東隨著我一同上樓，看到浴室磁磚上還有用屍水凝聚而成的人形，上面還有蛆不斷地蠕動，回頭看見跟著我後面進來的家人將擺在桌上的錢包與SWITCH放進塑膠袋後，一句話都沒講便逕直下樓離開，只留下房東與我兩人傻眼互望。

房東趕緊打電話聯繫他們，對方卻只回了一句：「不甘我的事，我幫你叫人來打掃了，你跟他處理就好。」

他的死亡不是家人來此的理由，那些財物才是此行前來的目的，所謂的家人，少了彼此間情感的羈絆，比陌生人還不如。

4.

凶宅是乡兇

潔白的牆是未來的讚歌，
黑色的血跡是生命的輓歌。

內政部認定凶宅的為「曾發生凶殺或自殺致死」。換句話說，凶宅只包含自殺和凶殺這種「有求死行為」的致死類別。其他像自然死亡、意外、相鄰房屋發生命案等，顯然並不算在內。

凶宅由人對於死亡與民俗間的禁忌而產生。民眾對於死的恐懼與對亡者的尊重，在這種害怕與敬畏心理衍生出對凶宅的懼怕，對凶宅產生不同見解。可惜在科學上，無法明確界定。

凶宅是否有凶險與危害？若有凶險，在程度上該怎麼辨別？在民間，依照死因的分類比較直面，會看到一些凶宅販售的廣告文上說，這間房是燒炭屋所以不太兇；而是自縊方式尋短的話，就會被說成很兇的房子。依照死亡方式來判斷凶宅是一種比較容易的方式，但或許探究「是什麼原因」而尋死，也是判斷凶宅的關鍵。

洗屋師也洗不掉的凶宅標籤

臺灣近年來有一個特別職業「洗屋師」，又叫凶宅試睡員，工作內容是對凶宅、事故屋專業洗白，必須住在凶宅裡一年，期間不得在凶宅內進行黃、賭、毒行為，也不能用宗教方式驅趕「室友」，每天須待在房子裡超過十二小時，要能接受異味也需接受門口、客廳有監視器，若中途違約則需付違約金三倍，而且洗屋後也必須配合房仲宣傳。

但是內政部表示，「建物專有部分於產權持有期間是否曾發生兇殺、自殺、一氧化碳中毒或其他非自然死亡的情形，都必須記載。」

民間對於凶宅的認定經常認為「一日凶宅、終身凶宅」，因此凶宅不論如何轉手買賣，對於凶宅的定義不會因此改變，故買賣凶宅，賣方有告知買方的義務。

所以依我國的法律與民情各方面看來，這位洗屋師就算是二十四小時足不出戶待在裡面，把自己洗掉一層皮也洗不掉凶宅的標籤。

送肉粽

一般大眾認為曾經有人在裡面自縊的房子是最恐怖的，這樣的房子煞氣最重，怨念最強；房子建立靠的是樑與柱支撐，是一個家最主要的結構，「懸樑自盡」，在樑木上自盡，一般人會認為，其怨氣會透過繩索依附在樑木上，對此家不利，若不鋸掉樑柱，則怨氣不散，若鋸樑柱則會破壞房屋結構，故認為用這樣的死亡方式最凶險。現今的鋼骨鋼筋混凝土，不像以前的建築，有室內木橫樑得以讓繩子穿過進行自縊的操作，但是辦法是人想出來的，只要有一個支撐點可以固定好線狀物，就能達成其目標。

目前臺灣的彰化線西一帶的風俗儀式「送肉粽」，是針對自縊的送煞儀式，就是經由法師經過相關儀式將繩索、其固定的物品（代表吊死鬼的冤魂）送至海邊或是在河流的出海口焚燒，代表押送至水府審判，以達驅邪送煞之效，以安地方人心，以慰死者之靈。

到了近期，隨著「送肉粽」儀式因新聞媒體介紹讓眾人皆知。導致此地方風俗各地開花，很多地方也開始有了這樣的送煞儀式，甚至離海越來越遠，從海線往山線拓展，或許有一天在南投有進行「送肉粽」儀式也不一定。

紀曉嵐《閱微草堂筆記》中：「李廉夫……在揚州宿舅氏家，朦朧中見紅衣女子推入，心知鬼物，強起叱之。女子跪地，若有所陳，俄扔懶懶出門去。次日問主人，果有女縊此室，時為祟也。……俚巫言：凡縊死者，著紅衣，則其鬼出入房闥，中霤神・不禁。蓋女子不以紅衣斂，紅為陽色，由似生魂故也。此語不知何本？然婦女信之甚深，故嫌憤死者，多紅衣就縊，以求為祟。此鬼紅衣，當亦由此云。」

其中透露出，鬼魂穿紅衣出入家戶時，「紅為陽、似生魂」，所以守護家中人的神「中霤神」不會因此攔阻，以致紅衣鬼可以暢行無阻，任意為祟，達成報復的目的。

民間傳說中認為穿紅衣自縊的人死後會成為厲鬼對仇人進行報復，普遍相信，穿紅衣進行自我了斷形式怨氣最重，所以會將這情況歸類為大凶。

一般我們都認為在有人住居或內有財物的房子才會有變成凶宅的可能，但是無人居住沒有財物的房子，仍不得大意，還是需要將大門緊閉防止外人進入，關上窗戶避免風雨襲來，若稍不注意或許宵小對其毫無興趣，卻免不了有心人的入侵。

希望與絕望的衝擊

打開上鎖的大門，空蕩的房屋，是屋主本為了售屋而特意將雜物清出，重新裝修的房子，希望能增加賣相便於售出，如今發生這件事情，自宅成了凶

• 何婉《春渚祭聞》卷二〈雜記、中霤神〉有記載：「中霤實斯一家之神，而因右漁人。陳系香火之奉，則不可不盡呈敬……每奉符至追者之門，則中霤之神仙收訊問，不許擅入。

宅，做再多的努力也已枉然，如今想脫手看來只能賠本降價求售。

踏入事發的房間，門口散落著鎮定藥物，是想在臨終之時不受太多痛苦能安詳離去？牆面新漆味道加上濃濃炭味和異臭，是希望與絕望的衝擊。

眼望四壁潔白的牆與地上那片發黑的血跡，黑與白，彷彿牛奶倒入咖啡的瞬間，強烈的對比，給予視覺的震撼，潔白的牆是未來的讚歌，黑色的血跡是生命的輓歌。

平時上鎖的一樓大門，與五樓緊鎖的家門，沒有破壞的痕跡，是如何闖入來此輕生，不解而提出詢問，禮儀師用手指了指房外的落地窗，探頭看去，一條十多尺長的水管，由頂樓垂掛而下。禮儀師說：「亡者應該是從房子後面的山上跳到這房子的頂樓，發現頂樓鎖死後，就用水管從屋外盪進來陽臺，剛好窗戶又沒有鎖，如果有鎖應該也會打破窗戶跑進來吧。」

我忍不住脫口而出：「靠！」接著說：「就算盪得進來好了，也不會特地選這吧？」

禮儀師：「亡者曾經住這附近，所以知道這間房子沒人住，怕在家中輕生變成凶宅又給家人製造麻煩才選這邊吧。」

「還特意用水管溻進來，這裡也很高耶，不怕摔死嗎？」我還是不太敢相信，覺得：「就算想不開，幹嘛想那麼危險的辦法。」

禮儀師：「都要自殺了，進來是死，掉下去也是死，有差嗎？」

我：「你說的……好像有一點道理耶。」

禮儀師：「那就靠你了，屋主跟家屬現在都不敢來，等你處理好再跟我聯繫吧。」說完，就獨留我在現場。

空溻的房間，除了亡者的遺物與輕生所用的物品外別無它物，只餘留大量的血跡與腐敗的液體，怕在家中尋短給家人製造麻煩，在外面輕生給發現者製造恐慌，所以選擇這裡孤寂安靜地離去，默默地腐朽，直到某天，或許是很久很久以後，有人來此看房時才會發現一個生命的離去。想找個地方安靜地結束生命，卻苦了其他不相干的人。為了心中的安適，卻在別人心中驚起波瀾。

處理完現場，待亡者家人和屋主確認現場已還原後，他們便開始針對賠償與要求家人將此屋購買的問題開始爭執，不管雙方提出怎樣的答案應該都無法滿意吧，沒人想原價購買凶宅，也沒人想好好的一間房子如今卻落得降價求售，一切，都是血淋淋的現實。

5. 鬧區中的破敗大樓

打開浴室的玻璃門，
就打開了某種常人無法想像的封印。

嗅覺也有記憶，當鼻子吸入空氣中的氣味時，這些分子會附著在鼻腔中的纖毛，溶解於黏膜之中，當聞過一個特殊的氣味，例如屍臭，藉著呼吸作用，遺體所產生的異味分子，與我們身體做了結合，之後數日不管到了哪裡，這些味道都揮之不去，彷彿，「祂」就在你的身邊。的確，祂的一部分與你相隨。

當屍臭味經由呼吸，深入鼻腔後，就會感到一股氣息直衝腦門，瞳孔瞬間放大，胃部好似遭到重擊一般的緊縮，喉嚨受到刺激想要咳嗽，伴隨著咳嗽，嘔吐感上湧，雖然想吐，卻要忍耐，吞也要吞下去。首先，吐了很丟臉，其次，吐完還要自己清，更丟臉。

《孔子家語．六本》：「如入鮑魚之肆，久而不聞其臭。」習慣，是最好的克服方式，再怎麼樣的惡臭，聞久了，就會習慣了。或許這是個好方法，但每次聞到那腥腐的味道，卻還是中人欲嘔，是我經驗不足，要習慣這樣的味道，得以從容面對任何狀況，我寧願乖乖戴上防護面具。

城市中的陰暗處

鬧區中破敗的大樓，是這城市中突兀的存在，這裡前身是一棟飯店，在這無景點、無交通節點、無美食的三無地帶，讓其難以支撐，而今結束營業的飯店經營方針改變成為住宅，妥妥的「飯店式住宅」。

經過門口警衛走向後方居住區域，卻是一幅破敗景象，早已無水而廢棄不用的中庭噴水池裝置只是個擺設，彷彿走在一座廢棄大樓之中，每個樓層走廊都未開燈，每一個角落都被黑暗壟罩著，使這裡更顯陰鬱，若不是有房東帶路，我早已迷失在一個又一個門牌號碼之中，住戶進出時，從打開的房門傳出微弱光芒，照亮周圍空間，卻又隨著房門關閉旋即回到了黑暗。

原本休憩過夜之所，現在成為住居生活空間，一層有數十扇門，代表著數十戶的家。

當初房東想委託我們打掃房間時，還以為是我們的努力終於被人看見，終於可以接到退租整理的案子了，於是特地帶了外號「為了掃廁所而存在的男人」的猴子大師兄來到這兒。從房東打開門那一刻傳出一股難以訴說的臭味，看到室內垃圾堆疊並散發讓人難以接受的酸敗味，才將我從幻想編織出的夢境拉回了現實——果然沒有人找我們做一般清掃……。

震撼也不足以形容的糟糕空間

我很後悔今天有吃早餐，在毫無預警的情況下聞到這味道讓胃彷彿受到重擊產生而凹陷。在短暫抽痛下，胃裡沒消化完全的食物逆流而上，食道充斥著異物與灼熱感。為了面子、為了不增加工作負擔，我緊閉著雙唇，發出「嗚」的一聲，強忍住不適，咕嘟一聲硬把湧上的食物嚥了回去，而猴子比較坦率，聞到味道後沒多久就直接在走廊吐了出來。

我皺著眉對猴子說：「自己清乾淨。」

「歹勢，前房客把這裡搞成這樣，我已經清好幾天了，但是味道還是很重。」房東抓著頭抱歉地說著：「找你們來以前已經找過幾家清潔公司了，但是他們看過後都拒絕清理這房間，你們看一下，如果不願意整理也不勉強，我再慢慢處理。」

我邊戴著N95邊懷疑地說：「怎麼會臭成這樣，這什麼狀況？」

房東似乎是很習慣這種味道，說著：「生活習慣太差吧，髒到連這裡的木地板都有臭味，主要是麻煩你們處理地板的味道，試過很多方法都處理不了，還有浴室的狀況有點糟糕，也要麻煩你們處理了。」

轉而去察看浴室，那狀況不應說是有點糟糕，根本是糟透了。污垢附著在牆壁上，洗手台、地板都是髒汙與雜物堆積，馬桶早已被堵塞住，上面還漂浮著黴菌，打開乾濕分離的淋浴間玻璃門時，好像打開某個封印一樣。一股氣流迎面而來，直接把我薰到流出眼淚，雖然戴著N95，卻還能聞到一股排泄物的味道，看來馬桶堵塞以後，這裡就是他上廁所的地方。淋浴間排水口已堵塞，汙水已和擋水的門檻齊高，這樣的衛浴空間別說洗澡，上廁所都有難度，卻曾是一個人生活的地方。

怕又被薰到流淚的我開始戴起了護目鏡並問房東：「房客呢？一般這狀況應該都跑了吧？」

房東回我道：「房客有主動說他想處理，但他處理不了，只說先把押金扣了，不夠的部分他再負責，沒辦法就只好找人來處理。」

「嗯……，清理是沒問題，但是這裡的味道真的很重，真的沒出過事？」我懷疑地問房東：「這味道真的很臭。」

房東趕忙答道：「沒有發生意外啦，就真的是生活習慣不好變成這樣，如果願意接的話那這裡就麻煩你們了。」說完便把鑰匙丟給我後隨即從還蹲在地上休息的猴子前方離去。

靜置的水，必然走向毀敗

接下委託後開始整理，在這不大的室內空間中，仍有許多住戶待在這裡，每次的翻動與整理，都看到小強爬行避走，垃圾清理完畢那味道卻仍未減，酸臭味仍充斥著室內，反覆擦拭牆面，那抹布還是都帶著髒汙。

花了幾個鐘頭，總算將房內清掃乾淨，轉而朝浴室進行清理的工作。淋浴間裡的汙水不只排泄物的味道，清理過程中，會聞到在屎尿味底下還有著一股異味，是那淤積汙水變質後所發出的陣陣苦味。

《呂氏春秋．季春紀．季春》：「因智而明之，流水不腐，戶樞不蠹，動也。」流動的水不會腐敗，靜置於此的水，必然走向毀敗。排除淋浴間裡的水後，沉積的糞便在磁磚上形成一層厚厚黑褐色汙垢，經過時間積累，已經變成像泥土一般，將排水管道堵住，也堅硬的難以刨除。

本來以為是退租後的打掃，結果卻變成了髒亂房清理，但總算讓房子回到當初的整潔。

人們常說遇到惡房東很無奈，但是房東遇到這樣的房客，可能只會更加無奈，好好的房子租人，卻被糟蹋成這樣，下一個房客，是有過之，還是不及？

6.

人生不要後悔太多次

死者的生前不是重點，
死後才是他們的談資。

老子：「禍兮福之所倚，福兮禍之所伏。」極樂而哀現，至哀福則見。有限的一生，體會著高低起伏，在跌宕過程中明瞭，快樂不是絕對，幸福，不是永遠。

出生，即邁向死亡。

在死亡的終點線前，到底有過什麼人生？

我很喜歡漫畫家陳某作品裡的一段台詞：「精彩不亮麗，起落是無常。」絢麗華美的一生畢竟只屬於少數人，但未必精彩。世人常因執著，想要得到一切犧牲了更多。為了更多的名、更大的利，矇蔽雙眼、遮住良心，更加以否認，世上真有願意付出之人。為了長壽，卻施加延命治療，終歸終矣，豈曰善？

幸福，就是滿足，當有了對照後，仍然珍惜自己所有，滿足於此，就是幸福。當有了比較，而怨懟未能饜足，靈魂的苦難就此開始。有人一時過不去那個坎，就這樣一躍而下，有人為了一口氣，如鯁在喉，一生不得安。

當有了歧見，看這世上一切都不順眼。再好的人，都是壞人；什麼樣的話，都是惡言。殊不知這樣對人時，有更多人會這樣看著你？

一切都是相對，有如太極之陰陽，有陽必有陰，至盛而衰，自有規律，死生皆有命。於六道中，無法跳脫，卻能珍惜所有，收起貪嗔癡心，追求靈魂提升，苦難由自心，災厄由他意，解決之法，同歸一心。

死亡面前，皆為平等，命數命數，數算自己所有，察覺寂滅之理，得著本來就在手中的幸福。

從出生開始，我們就朝著死亡前進，因此，必須正視死亡，藉著知道死亡乃是終點，才得以反思存活的意義。

家人努力工作操持家務，卻有些人花用他們的金錢吸吮著他們的精力而活，卻如此心安理得。不肯自立，是抗壓性不夠還是被寵壞了？所得到的一切是應該還是家人所需償還的罪？這樣的生活是幸福還是自我禁錮？

改變才會讓亡者感覺不便

腦中的思考被濃烈的氣味打斷，硬生生將我拉回現實。屋內不只飄散著屍臭，更多的是久未清理的酸臭味。室內滿是餐盒、雜物與酒瓶，遍地擺放著似乎從未清洗的衣服，隨便拿起一件都讓無數灰塵散落，屋內有著數個袋裝的球狀土塊引起我的目光。仔細一看，原來裝著滿滿的菸灰和菸蒂，直到塑膠袋無法容納後，便再用另一個塑膠袋盛裝。

而整個房子唯一平坦的地方僅剩床鋪。

過程中不時清出一袋袋由菸灰與菸蒂結成的土塊，終於清出了一個菸灰缸，沒想到菸灰缸裡一根菸的痕跡都沒有，只是個擺飾品。我想，可能是菸灰缸太小了，要倒來倒去太麻煩了，索性不用，直接丟在地上。還清出了掩埋在垃圾底下的掃把和畚箕，本該用來清掃垃圾的工具，卻被像垃圾一樣對待。

髒亂的房子，尚未發生這樣的憾事前也好不到哪去。對於在此住居，或許是我們覺得不方便，但他已在此建構了一個舒適圈，改變才會讓他感覺不便。

只是酗酒、菸癮、懶散，導致生理機能的退化，垃圾、廚餘與蚊蟲，讓細菌滋生，使身體更加衰敗，在這樣的惡性循環下，健康每況愈下而不自知，悄悄地，死亡來臨，靜靜地，日漸腐敗，慢慢地，味道飄散。

是捨棄了生存的動力？抑或是被精神疾病折磨？未得而知是何原因所導致如此情形發生。

從堆滿垃圾雜物的浴室來判斷，應已久未使用。洗澡，是多久以前的事？善待自己，不是閒適隨意，而是給自己一個舒適的生活環境。

當一個人活著，是自己存在的獨奏曲，還是人與人之間共譜出的生命樂章？一個獨居者死亡多日後才被發現，腐敗、惡臭充斥著整棟建築，左鄰右里間所討論的是那不管在哪裡都能聞到的難聞氣味，或許是因為味道抑或是怕這次的死亡事件會影響當地房價，讓他們的心情變得如此不佳，所以不斷指責家屬的疏忽與不關心。

盡顯人性的左鄰右舍

就算隔著門，仍能聽到謾罵聲傳來。我默默進行了初步除臭工作，當味道消散後，緊接而來的是好奇的群眾，不斷有芳鄰擅自進入屋內說：「想看看現場是什麼樣子？」、「這個家的裝潢如何？」、「人都走了，想知道有沒有可以拿回家的東西？」各種理由、各種超乎想像的說法、各種恣意妄為，各種謾罵、指責、好奇、無禮，好一個「遠親不如近鄰」。在他們眼中，死者的生前不是重點，死後才是他們的談資，面對著這些好奇群眾，只好用最原始而簡單的處理方式，趕出去！

從好言相勸到大聲喝斥，趕走這些「臺灣最美麗的風景」後，直接甩上大門，就聽這些被趕出場的觀眾，還在門外不斷討論著剛才的所見所聞。看來，這次的經驗會成為未來數十年的談資，直到臨終的那一天，跟自己的子孫誇耀著，自己曾經進入過意外現場，到時的他，會是如此的驕傲與自滿。

清理中不斷聽到鄰舍指責，卻看到他們把自家垃圾混入我們暫時堆放的廢棄物中，當阻止時，就聽到他們說：「都是鄰居，亡者不會介意的。」、「小東西，不要太計較。」原來有利可圖是芳鄰、不相往來是鄰里，徒生困擾是惡鄰。從何時開始，這裡的人和小學課本講得不一樣，只剩自私與自利。

只有一次的人生，你，後悔嗎？

房內找到了一本《二十五史》，是希望閱此書者能鑑古知今，以古為鏡知興替，知道盛衰過往是不斷重複的過程。

清理堆積垃圾的書桌，看到桌面擺著一本名為《人生不要後悔太多次》的書，是提醒我們人生只有一次，無法重來，根本沒有復習的機會或彩排的時間，甚至也沒有一直NG重來的可能性，這就是你的人生，唯一一次的人生。不要虛度光陰，把握當下好好的活。

四十多年的歲月，你，過的好嗎？會後悔嗎？

想要改變現在的生活而買了這本書，卻連隨意翻閱的痕跡都沒有，讓它靜靜地躺在書桌上，被垃圾所掩埋，甚至成為垃圾的一部分。

手足的離去，雖然悲傷，卻也鬆了一口氣

清理工作結束後，便立刻前往殯儀館，委託人與年邁母親在靈堂待著，陪委託人聊了一會才知道，她一人為了整個家、為了母親與從未工作過的弟弟，隻身一人在國外工作，只因為出國工作的薪資較高，讓她能夠每月不斷地匯錢回臺給家人，多年來的辛勞，只為了讓家人衣食無憂。當弟弟鬧著想要出去住，母親便哭鬧著要她想辦法，於是每個月又多了一筆租金開銷，生理與心理被這龐大的壓力蠶食鯨吞。

為了家人，奉獻了自己的青春，手足的離去，雖然悲傷，卻也坦言鬆了一口氣，因為她不敢想，要不是這件憾事發生，還要養弟弟多久？對他的未來還需要負責多少年？

委託人說：「當我在工作時聽到他過世的消息，整個人驚呆了，也覺得解脫了。為什麼他這一生從沒認真過，這樣活著有什麼意義，為什麼家人一直要我照顧他，卻沒想過我？」

方才說完，死者母親聽到後便對門外哭喊著：「天公伯啊！安內無公平阿！我唯一的囝就這樣走了。這樣以後我欲安怎！阮過身了後，啥人來給阮捧斗。」接著指著委託人道：「為啥密，死ㄟ毋是依，是阮ㄟ囝，我歹命啊！」「我也是妳唯一的女兒！」委託人泣訴：「弟弟這樣子妳卻對他那麼好，我對這個家付出那麼多，為什麼怎麼做妳都不滿意，是要我也死了妳才開心嗎？」

一個為了喪子而哭，另一個卻為了如何付出都不受待見而哭。

在面前上演宛如八點檔的劇情；能力越強，責任越大，卻有誰想過，有能力的人為何需要不斷地付出。哪天她倒下後，留下了毫無能力生存的家人，他們不就得靜靜地等死？

7. 再也過不了的母親節

絕望，
比任何疾病都還要可怕。

在時間的催化下，浸滿污物的床墊起了化學變化，讓室內溫度陡升，濕度和溫度的提高，讓踏入此處就像進入異度空間。

那被浸潤發黑的床墊中不斷向空氣釋放刺鼻的氣味，嗆人的味道刺激著雙眼，眼淚就這麼不自覺地流了下來。

無暇他顧，只得盡快將床墊處理掉，讓自己不要那麼難受。使用噴霧槍將味道進行壓制，藥劑隨著水分子散出，分解空氣中的刺鼻氣味，也降低了不適感；處理掉床墊後，雖然仍充斥著一股刺鼻異味，卻減輕了不少，雙眼也不再刺痛，這時才能仔細觀察室內環境。

房內擺放許多玩具與繪本，而自己的東西全都堆在角落的梳妝台上。每一個為了讓自己的孩子有足夠且安全玩樂空間的父母，都會選擇這樣做吧。為了孩子，犧牲一點都不算什麼。

在堆放畫冊的書櫃，我注意到了張貼在牆壁的卡片，應該是孩子的作品吧。桃紅色卡片上用注音歪曲寫著「ㄇㄚ ˙ㄇㄧ ㄨㄛˇ ㄞˋ ㄋㄧˇ」，卡片畫著在一個充滿花朵的草地上，媽媽牽著小女孩，兩人之間有許多愛心圍繞，象徵著母親對孩子，孩子對母親，兩人之間的愛。

原本止住的淚水，卻又開始奪眶而出，自己身為一位父親，在遇到任何困難想放棄時，都會想到孩子該怎麼辦，而一位孕育著生命的母親，其心匪席，不可卷也●。是遭遇怎樣的困難才會選擇放棄自己的生命，對孩子的愛也無法將她從絕望之路上喚回。

懷著複雜的情緒收拾好房間，在等待室內除臭過程中與委託人點交所尋覓到的物品，不經意地問起：「小朋友呢？」

才知亡者受大環境影響沒了工作，夫妻間因為金錢的事情不斷爭吵而離異，沒有收入的她，孩子只得判給前夫。失去收入，孩子不在身邊，先前因為精神問題自殺未果，沒想到這次卻永遠離開。

疫情，不只是影響著身體，也從各個方面影響著每一位。這不是每天所統計因染上疫情而死去的數字，卻切切實實的因這疾病影響而失去工作、失去一條生命，孩子也失去母親。

絕望，比任何疾病都還要可怕。

• 是由《詩經》〈柏舟〉：「我心匪席，不可卷也。」改寫，形容心不像蓆子一樣，可以打開又捲起，比喻母親對孩子的愛堅定不移。

8. 好心有好報？

愛心、善心、熱心，
成了對方的別有用心。

生命教育的課程中，老師提出了一個問題：「你認為『好心必有好報，壞心必有惡報』是信仰、迷信、還是科學？」我回答了，這是一個迷信的觀念，宗教信仰中教導弟子們善有善報，惡有惡報，規勸人們諸惡莫做，諸善奉行，這只是一種道理與規條，是否能俱足而論之？

答案見仁見智，宗教故事裡提了很多好心人因為一些小小的舉動，往後面臨困難時，有人進而出手協助，問題迎刃而解。故事永遠美好，就像王子和公主幸福的在一起，結局都是大家想要的，好人得到幸福，壞人得到惡報。

以前念書時，課堂上總教育我們要對人和善與奉獻，但是無數的新聞事件，卻教導我們應該冷漠。愛心、善心、熱心，成了對方的別有用心。付出，別人不認為你是好人，只認為你是可以欺負的人，成為其滿足私慾的對象。

現實的確殘酷，好心的付出，卻往往得不到回報。「碰瓷」，指騙徒故意讓他人摔壞假貨，並要求賠償的詐財行為。後來成為故意製造假車禍等，藉以敲詐勒索他人的行為。甚至在某些地區，有老人倒在路邊，被好心人救起後，卻被反咬對方為讓老人受傷的兇手，好心真的不一定有好報；壞人不一定得到相對的報應。

一體兩面的善念

好心的付出與否，在房東與房客間更是個現實的問題。

在某次委託中，有個房客選擇自我了斷離開這個世界。在這個密閉空間內燃燒木炭，耗盡了氧氣讓身體缺氧，最終導致死亡。天花板、牆壁、地板都已燻黑，用眼睛看就知是用什麼方式走上絕路。有限的雜物，卻有著清理不完的炭灰，手輕輕撫觸著牆面，指尖感受著黑色微粒的觸感；在邁向死亡過程中，有多少的微粒在尋短者肺臟中堆積，歷經嗆咳、嘔吐、暈眩、缺氧直到死亡。

過期的樂透彩券被當成壁紙貼在牆上，冀望用樂透脫貧致富，用金錢購買夢想，但卻全數用做公益，換得一次次失落。這些失望的結果拼貼成讓人難以識別的圖樣，像是一種圖騰又像文字，祈禱著未來財富自由。

房東說亡者已經數月未繳房租，但因為景氣不好的關係，大家日子也都不好過，所以也不催租，只跟對方說度過難關後，慢慢償還即可，豈知現實還是讓他選擇走上了絕路。

室內門縫都被膠帶封死，只為防止氣體洩漏被他人察覺，就連廁所的換氣扇也用膠帶貼著，風扇透過膠帶傳出低沉的嗡鳴之聲，洗手檯、淋浴間的排水孔都被灌住大量矽利康，防止廢氣流出而無法達成目的。

隨著查覺到房間越多的損壞，房東的臉色越加鐵青，一拳打在牆壁上說：「好心沒好報，把房子變凶宅就算了，還把房子給毀了！」一個死亡，連帶毀了他人產業。

一時的善念，對人的慈悲，想不到卻換來這樣的結果；損失，超越自身所能想像。

9. 有生就有死

自然地走了，自然地發出了味道，
有生就有死，這很自然。

死的時候，想要誰發現你？

家人？朋友？愛人？

不論是誰，如果足夠掛念，因擔憂而關心自己是否安好，簡單的關心與慰問是多麼令人感動？

時間回到那一天，電梯緩緩上升，到達了指定的樓層，當電梯門開啟時，眼前是一位女性抱著一個數個月大的嬰兒，旁邊的輪椅上坐著一位瘦弱的老婆婆，蜷縮著雙手，嘴唇歪斜，應是中風的症狀。

一旁還站著兩位男性，聽他們說，是亡者的兄弟。

打開門，就看到一座馬椅梯（合梯），地板上，白色油漆和暗紅血跡，彼此努力著想要掩蓋木色貼皮的地板，散落的工具是他曾經在這裡工作的證明。

亡者太太是才嫁來臺灣兩年的外籍新娘，在溝通上明顯吃力，而媽媽因疾病的困擾也無法說話，一切僅能由點頭、搖頭來表達內心感受。因此這次案件乃由亡者的兄弟倆出面協調。

據他們說，亡者很努力工作也很顧家，不管工作到多晚一定會回家。上週末沒有回家，太太也聯絡不到人，覺得很奇怪，想說會不會是最近小孩出生壓力大，工作又累，所以到哪裡遊蕩。直到週一老闆來視察工作，才發現在門窗緊閉的室內趕工，獨自油漆牆面的他，吸入過量甲苯後中毒死亡，氣絕倒臥在此。

嬰孩還沒叫聲「爸」，就再也看不到自己的父親。

妻子離開家鄉遠嫁而來臺灣，才新婚燕爾、初為人母，如今卻成了寡婦。

兄弟倆憤憤不平地說，結果老闆對他的死一點也不關心，至今都沒有任何表示，卻跟他們抱怨本來就進度延遲無法收尾，現在這裡有人出事沒辦法對業主交代，可能連尾款都拿不到。

有些人看事情的角度或許缺少了些感情，員工在他的眼裡是一起打拚的夥伴？還是個用完即丟的物品？

一個顧家的男人，努力工作賺錢，為了養家而拚命，如今真的犧牲健康賠上性命，未能返家抱著孩子享受天倫。留下了嗷嗷待哺的嬰孩、悲傷的妻子，和那一直流著淚卻無法言語的母親。少了支撐家庭的頂梁柱，這家該如何維持下去？

正在上演的荒誕悲劇

所謂的兄弟，是否會好好照顧遺留下的孤兒寡母。一切都只是個未知數，卻聽到他們用台語在那連國語都說不好的媳婦旁邊說著：「要注意不能讓她跑回國，要不然沒人可以照顧老母，到時請看護更不划算。」這不是電視上播放的戲劇，沒有寫下後續劇情的劇本，一切都看個人心境的表現。我就這樣，靜靜地看著正開始上演的一場荒誕悲劇。

男人身為一名父親、丈夫、孩子，還有人關心，卻存在許多中高年男性有著的社交孤立問題。尤其是四、五十歲的未婚男性，既非年輕人，也不是老人，很難透過社福體系的關懷將他們納入防止社交孤立對策的對象，他們是社會關懷的漏網之魚，也是為了生存而努力的人，卻與家人多年未有接觸，彼此之間早無情感，生活中沒有要好的朋友，與鄰里間也沒經營好關係，換言之，會在意他們的，只有與其利益相關連的債主、房東或是老闆。

有多少人獨自居住，每天的生活就是工作與家中兩邊往返，家只是自己休息的地方，沒有家人也沒有朋友。沒人在意到底過得好不好，關心他的不是家人，而是老闆的免強詢問。在過年開工後卻數日沒來上班，老闆因為人力吃緊，打電話又沒人接的情況下，不得不請同事來關心。

隨著同仁到家拜訪，這才發現這相隔十多天的死亡⋯⋯。

猖狂的腐敗，虐人的惡臭

那是另一個令人印象深刻的案子……。

走在寂靜的巷弄，聽聞街坊議論著異味從何而來，為何發生？其中一位婦女淡淡地說道：「自然地走了，自然地發出了味道，有生就有死，這很自然。」滿有禪意，深富智慧，一個人在一生當中要經歷多少的故事，才能總結出這簡單的一句？

我默默地站在門外等待，等待與委託人約定時間到來，這才戴上手套與拉上防護衣的拉鍊，此時議論的人們便識趣地離去。

打開那緊閉的門扉，看見因死亡而凝滯的時空。

侵襲上身的，是猖狂的腐敗，虐人的惡臭。

是到家放棄了掩飾，還是光與影就是生活的兩面

因著我的叨擾破壞了應有的寂靜，蒼蠅振動雙翅四處飛舞表示抗議，從門外射入的光線，照亮了整座房間，隨著閉上大門，旋即進入黑暗，摸索著牆邊的開關，隨著開啟電源，室內又重新明亮。

滿地酒瓶、食物、廢棄家電與垃圾，看似骯髒混亂，卻充斥著一種不平衡的美感，那不完美、不恆常、不完全的侘寂之美。

如果還活著，是過著怎樣的生活？上班光潔，下班卻充滿晦暗，在外看似常人，回家後卻生活在讓人難以想像的雜亂，在外的形象是否偽裝？到家後他放棄了掩飾，還是兩邊的生活是光與影的各自一面？如果不是因為死亡，這樣的生活方式或許仍然沒人發現。

已無暇多想，只能專心手邊的工作，著裝、清理垃圾、去除血跡，動作一步步地進行。僅有一張竹蓆的床，承載著軀體安眠，也承擔著他的遺體安息；

移去上面的雜物還有吸收汙物後產生化學變化的被褥，那透過手掌、指尖傳遞過來的熱意，是這房間最有溫度的地方。

移除掉床上所有物品後，呈現出用血水所畫出其上滿布著蠕動白色蛆蟲的人形輪廓。

腐敗的氣味吸引著蒼蠅，在遺體上進食、交配、產卵，蛆蟲吮吸咀嚼著血肉，延續著生命流傳，枯竭生命造就旺盛生機。是結束，也是個開始。

屍水滲過竹蓆與薄木床架，一滴滴落入地面，經過時間堆積，組織、血跡、油脂、排泄物混合成一片結塊的物質，在這些物質上，還有許多蒼蠅的遺骸，當初靠著血肉維生、繁衍，也在這裡結束它的一生，其他存活的，應該早在遺體被發現之後，就隨著敞開的大門離去，去尋找下一個合適之地。

是否只有菸才能緩解那寂寥的心

床下的垃圾混合著屍水，視覺中呈現出一種油亮，也多虧了這些東西，阻擋屍水漫流，不至於讓現場更加糟糕。寒冷的冬天，穿戴著防護裝備，雖不覺得熱卻感受到了汗水不斷的滲出，隨著動作，流過了皮膚。

收拾著垃圾，看著零食、酒瓶進入袋中，如果還活著，是否在這斗室之中獨斟獨食無人陪伴下迎接新年。

在垃圾堆中找到了一張便簽，上面滿滿的字，頂端寫著「刀劍如夢」，自然而然地聯想到很多年前膾炙人口的歌，仔細一看，真的是這首歌的歌詞，最後兩句寫著：

「我醉，一片朦朧，恩和怨，是幻是空。

我醒，一場春夢，生與死，一切成空。」

醒著，有如夢中，藉著酒精，體會虛無飄渺；藉著菸，感受朦朧虛幻，存在是美好？或是醉生、夢死？或許在夢中，才有著更為真實溫馨的生活。

讓人驚悚的不是滿地血跡和刺鼻惡臭，而是那被菸燻到接近褐色的門扇、牆面、天花板、窗戶及冷氣，那是長期室內吸菸，吐出的二手菸附著在家具、牆壁、衣服上，久之，讓原本白淨的牆壁，薰染成褐黃。

小小的房間，地上盡是髒汙，滿室的灰塵，本應布滿黑色塵埃和透明蛛網的家具與菸焦油•黏吝繳繞成了咖啡色的棉絮，碰觸時雖然戴著橡膠手套，仍感到黏膩的觸感。

每一次看到像這樣在室內抽菸抽到把整個牆面染色的情況，心中都不自覺地聯想到：「一炷清香獻如來，九品蓮華遍地開。」

有的人以清香素盞供佛，裊裊輕煙上升，代表著願心供養。

有的人以鮮花供佛，在心中點起心香，用至誠祈福。

• 菸焦油是指吸菸者使用的菸嘴內積存的一種棕色油膩物質，俗稱菸油。是有機質在缺氧條件下，不完全燃燒的產物，是吸菸後殘留在環境中的有害汙染物質。

更有的人燃菸供養，用肺來做佈施，吐出徐徐煙氣，獻出健康，污染環境。

這得要抽多少的菸才能造就如此的光景？是否只有菸才能緩解那寂寥的心。

在調和好清潔劑後，便開始清洗室內，隨著污垢慢慢溶解，在水柱沖洗下，天花板開始下起咖啡色的雨，部分黃褐色的汙水隨著壁面流下，水流就像惡魔的眼淚慢慢流下，那黏稠液體滑落所流經之地，由黃變白。原本白色的牆壁都被熏成如此顏色，想必肺部應該充滿了焦油，成了焦黑之色。

這過程帶給我的不是孤寂，也不是哀愁，而是一個感覺，「噁」。

Chapter 04

雜物可以歸類回收，
孤寂卻無處安然釋放：
關於遺物整理……

1.

承諾

相認當下，
是死生契闊，
還是死了還找麻煩的感受？

小小的雅房是三代人的承諾，因為一句話，傳承著祖孫三代的託付與愛，將這房間打造成極具意義的所在。

數十年前，這透天厝住著房東太太一家，將沒使用到的頂樓空間出租給外出打拚需要一個棲所的人。當時的年輕房客承租在頂樓小房間，不曉得當時是否有其他房客，不知道除了他之外上一個房客是多久前搬離。

我只知道，當踏上頂樓時，只覺得是不知空置多久的空間，地板上的幾枚鞋印顯示出有人走動的痕跡，其他房間門敞開著並堆積著塵灰，只有那房間，還維持著最基本的打理，裡面僅有一床、一桌、一櫃和一台電視外，還有竹蓆上蠕動的蛆。

委託人是房東，交談時提到，過世的房客在這裡住了幾十年了，住的時間都比他年紀還大。當初奶奶把房間租給他後，從有記憶開始，就知道他一直住在這兒，就連過年也沒有回去跟家人一起圍爐，等於是看著房東長大。這次他過世後，得知死訊親戚不聞不問，也不願處理後事。我在取得委託後，由房東一手承辦其後續的問題。

或許結果也如房東所想，所以也沒有負面情緒，從青年到老年，從老年到死亡，不知是什麼原因導致數十年沒有往來，親屬間僅有血緣關係，卻早已無情感聯繫，還有多少人知曉這位家人存在？相認當下，是死生契闊，還是死了還找麻煩的感受。

「我是長孫，奶奶過世前將房子給我繼承，臨終前特別交代『不能把房客趕走，也不要勸他搬走。這房子你要賣掉要改建都沒關係，但是要等他過世以後才可以。如果他離開這裡，年紀那麼大了，要去哪找地方住。』我就答應了下來。」房東繼續說：「他年紀大了又沒什麼錢，這幾年沒讓他繳房租就繼續住著。平時遇到他下樓時還會給他一點錢讓他買點吃的，這幾天沒有看到他，擔心地查看一下才發現他已經走了。」

這不是房東對房客的關係，而是早已當家人來看了吧？除了血緣，或許在這幾十年中，這位房客，早已成為家人，成了這家族的見證者。

沒有血緣的家人

就像電影《桃姐》中，雖然桃姊只是傭人，但對於在主人家工作六十年的她，和主角之間不僅僅是主僕關係，而是另一種特別的對待。雖然沒血緣關係，卻早已是家人，因此當桃姐中風後，主角仍用心照顧著她。

奶奶臨終之時仍特別叮嚀，是對外人不容易的體貼；這小房間見證了承諾的履行，一個漂泊者能安身於此，多少年月，鬢絲日日添白頭，這承諾藉由死亡得到了真正實現，這種感性和真實的情感，不是一個簡單的住所所能夠承載。

交談後，我開始了清理工作，這次的工作並不難處理，打開衣櫃，除了幾件繡有廟宇名字的衣服外，最讓人注意的是那兩、三件不曉得洗過多少次，早已破爛鬆垮的泛黃汗衫，居住在這多年的他，房內卻無長物，在清理完汙物後，工作便告一段落。

整理完後，房東看了一眼後嘆了口氣說：「就這樣吧，他走了，我算是完成了對奶奶的承諾。這房子之後要重新整理了。」

少之又少的高齡租房善意

這是房客的福氣，或是房東的善意，讓他能在晚年仍有個居所。卻有多少的老年人，因為年齡關係租屋困難。

很多人從年輕時租屋到老，卻被房東以各種理由不進行續租。曾經在清理一個高齡者陳屍租屋的案件，委託人剛買下這分租套房，當時想重新裝潢一下，升級裡面的設備，不但能提高租客的生活品質，或許也能提高一點租金，於是乎和其他房客經過協議，接受屋主的補貼暫時搬出去租。但是住在其中一間的長者卻不願意搬出，甚至還說：「我的房間不用裝修沒關係，我擔心搬出去就回不來了。」不論屋主如何勸說，就是不願搬離，因此當幾年後，我們接受委託前往現場清理時，便覺得都是分租套房，其他的擺設都很新，唯獨這間如此陳舊。

房市名言「年輕時不買房，老了租不到房。」高齡者為租屋弱勢族群，因為年齡的關係，造成高齡者租屋困難，而弱勢族群所產生的租屋歧視讓租屋更為困難。高齡者無法在租屋市場中與學生、上班族、家庭競爭，這樣的情況下，由於租屋市場競爭激烈，許多房東更願意選擇年輕的租房者，因為他們工作穩定、收入較高，更有能力支付租金。

因此許多老人在尋找適合的居住環境時，面臨著許多被拒絕的困境。同時，與年輕租房者不同，老人的身體狀況經常需要額外照顧，但通常房東不願意提供額外的服務或設施，例如安裝扶手或協助日常生活等，或是當提供了額外的設施後，便開始藉口進行漲租。

種種的限制讓高齡者的居住品質只能往下降，居住在只因為房東願意出租，並有承擔其他風險的準備，才能給予老年人有個遮風避雨的棲身之處。

隨著高齡人口的增長，老年人租屋的困境是必須面對的問題。

高齡者著實成為租屋市場下最底層的無殼蝸牛。又有多少孤老窮的人不得不流落街頭。因此也誕生出了許多狹小、破敗、髒臭的空間，卻仍然搶手。雖然破敗擁擠但價格上卻不見得便宜，雖然一間房間只擺得下床板，沒有對外窗戶且狹小的雅房至少就要兩、三千元，卻成為了被租屋市場排擠的高齡人口、非典型就業者，以及仰賴福利身分補助過活的弱勢族群的希望，全得依靠這樣的房舍來提供遮風避雨之處，脫離流浪在街邊的生活。

商業現實考量，高齡租房無望

臺灣有句俗話「寧借人死，不借人生。」意思是過世的人會保佑房子裡的人，借給別人生孩子，卻會把屋裡的運氣給帶離，但多數的房東仍不願意租屋給高齡者，原因是房東將房屋出租當作一種商業行為，普遍認為，到了老年還需要承租房屋者，不是經濟上有困難，就是家人之間關係緊張。

房東不信任他們能準時繳納房租，且如果老人租屋後有出什麼狀況時，沒有人出面承擔而造成損失。尤其深怕在租屋期間因意外而逝或是在房內自然死亡等原因，需要花一筆金錢進行善後。

如租客陳屍於屋內未能及時發現，不僅需要花費更多財力物力進行善後，也擔心事情傳開後難以再將房屋出租；不但要擔心老年人因身體退化、失智等問題而在屋內發生危險，又怕長者會欠租、垃圾堆積。可悲的是，難以租房不限於中低收入老人，因為年老在臺灣就是一種標籤，只要年老，就算有錢都未必能租到房子。其實站在房東的立場來思考，房東也會擔心要是將房子出租後，要是死在裡面，以後租不出去該如何是好？

因為這些可能的風險，讓弱勢族群在尋覓租屋過程中，常因為病殘窮老等因素而被房東拒於門外。甚至在租屋時，會被房東身家調查，幾歲？工作？原本住哪？為什麼要租？

這些好似相親時會提出的問題，是因為房東在出租房屋時，怕會收不到房租，或是避免房客於租屋處死亡的風險而提出這些問題。

當弱勢者因為外在條件或如實回答，大部分的房東便將其拒之於門外，他們便只能更退一步，選擇租在更小、更不便，環境更糟糕的居住空間。

多些同理，阻止不幸增生

雖然將房屋出租出去有一定風險存在，但弱勢個案如果有社福單位協助，在社工關心、房東關懷的狀況下，仍可以降低其風險的存在，問題於發生前預防，出事時盡速解決，讓房東與房客之間產生雙贏。

無法解決貧窮，卻能避免個案於不幸的深淵中墜落。

一個人的能力有限，不一定需要付出，卻能去正視問題後面的原因，是否這些原因也在身邊發生，如果能避免，或許可以減少一個不幸。社會中，有著許多人的付出與努力，才能夠達到彼此共好局面，我們看到一些狀況，覺得不妥，感到嫌棄，卻沒看到背後原因，是什麼原因造成如此局面？或許是個案本身的問題，又或許是失格的家庭、階級的社會導致無法翻身，甚至是隨著年月而逐漸衰老，老到被視為一種危險。

多一些同理，讓不幸不再被複製。

2.

遺物整理

不是沉溺於過往，
而是讓心有個可以沉澱的地方。

影集《我是遺物整理師》播出後，很多的遺物整理師就如雨後春筍般冒了出來。特殊清掃委託不啻於常人印象中的消臭、清理、打包、拆除、搬運外，除了針對汙染的現場進行清理，還有廢棄物品的處理，其中更包含遺物整理。

所謂現場不是只有汙染物與垃圾，而是在污染物與廢棄物品混雜其中的現場進行觀察，從凌亂之中將亡者財物與與紀念物搜尋出來並歸還，就如影集裡的內容，雖然稱為遺物整理師，但是其業務進行範圍與我們並無二致。

就如以前對「御宅」一詞，以中文漢字字意進行延伸，認為是躲在家裡面足不出戶者。遺物整理一詞在臺灣也是如此，從字面上定義，較偏向於「收納整理」的範疇。

有別於國外對於遺物整理乃是特殊清掃的工作之一，國內遺物整理業者並不接受特殊清掃工作內容。於是在接洽到需要耗費大量勞動力的垃圾屋、或是需要專門清理技術的特殊現場時，「遺物整理師」還是會委託我們進行協助，其主要的工作內容還是服務當家人過世後，可能是東西過於雜亂無從下手，或是自身沒有心力去整理往生者所留下的遺物，便委請「遺物整理師」協助。

用斷捨離面對嶄新人生？

曾在一次研習時，講師說過，雖然她現在的本業是做清潔，但是很多人要延攬她到其團隊做遺物整理師，被她拒絕了，因為她無法承受在遺物整理過程中，那股悲傷與分離的情緒，接著便說起了自己做過最為感動與最有意義的遺物整理。

一次遺物整理工作中，因為委託人的家不大，又囤積許多東西，導致家中僅剩行走的空間能看到地板外，到處都堆積雜物，所以講師在接到這次的遺物整理工作後，花費了幾天的時間來協助委託人進行收納整理與丟棄家中無用物品的動作。

整理時在一個鐵盒內發現一台智慧型手機，是委託人的母親在世前送予委託人的禮物，也是她所使用的「第一支」智慧型手機，很有紀念價值；如今，母親已過世，手機早已損壞，卻仍捨不得丟棄，就這樣擺著，就這樣與其他物品混雜。

工作的第一天整理師勸委託人要放下，整理好心情來面對新的人生，不要讓舊東西留下來，而無法面對未來。結果，委託人拒絕把手機丟掉。

工作的第二天，勸委託人要擺脫不必要的物品，要好好地斷捨離一切，不能執著於無用之物，委託人仍堅持要留下這部手機。

工作第三天，經過幾天勸說後，委託人同意丟棄那髒舊的手機，在丟掉那手機後，兩人都流下眼淚，緊緊抱著彼此。

丟棄過往雜物，留下回憶迎接未來。是遺物整理收納主張的概念，認為只有做到斷捨離才能用正確的心態與良好的心情面對嶄新的人生。

非常好。

舉了一個非常失敗卻又自認為成功的案例。

心理能完全割捨，才是真正的斷捨離

丟掉媽媽送的手機，好像是對過往做了一個結束，卻同時也丟掉了對母親思念的依託，這不單只是個破舊的物品，而是思念轉化的過程，藉由留存物品的狀態來做為思念的依託，用持續性的狀態來表示愛的永恆性。

我們只是個收納整理的人，不是來做決定的，我們能做的只有建議，在心上能無負擔，完全割捨，才是真正的斷捨離。

如果沒有辦法好好地整理自己的心緒，是要如何告別過往，面對未來，家人已離世，對於某些物品，是在世之人與離世者藉由此物做出情感上的聯結；將無用之物丟得一乾二淨真是遺物整理要做的？

只是丟棄是否能有更好的未來，斷絕一切回歸到最原始的狀態，還是留著一個可以憑弔回憶之物，來保持著對先人的情感連結，回歸到其愛的本質上，如果留存該物是留存著思念，那這位收納整理人員所丟棄的不是手機，而是回憶。這幾天反覆勸說的過程不是為了委託人好，而是想表達自己沒有為人著想的殘忍。

換個方式保存，而非全部丟棄

近年來，遺物整理委託逐漸增多。想要整理離世家人的房間，打理其中雜物，恢復光潔，有心卻無力，並非每個家庭都人丁興旺，不是每個人都可以抽出時間進行打理，整理，畢竟是個累人的活。清理，也不是每個人都能面對遺物卻能坦然。

整理遺物的過程可能感到悲傷、痛心和難過，不知如何下手，所以委託我們前來協助。藉由整理與陪伴，與過去的回憶接觸，並編織起思念的網絡。挑選一些最喜歡或最有意義的物品保存下來，或加以重新利用。例如我們會建議把一些老舊的布料做成一個紀念擺飾或是桌布、把卡片放在相框放在牆上做成一種裝飾……等等。這樣做不僅可以讓你保持珍視這些物品的情感，同時也是對你心愛的人的一種追憶和紀念，而非全部丟棄。

死亡是和親人的短暫告別，喪禮結束，生活仍要繼續，但要學著適應少了位家人在身邊，人不在，藉著思念與回憶，卻永留於心。

讓愛的回憶塞滿整個房間

景物依舊，故人不在。房間，原先睡在床上的人雖不在，物品已然蒙塵，衣櫃還等著那人開啟，老式的收音機，那早已磨平刻痕的旋鈕，頻道的紅色指針仍停在99.1，廣播中的人聲、樂聲和笑聲，陪伴主人多少的時光，如今，收音機靜靜地安放在書桌上，再無發出音樂那一天。

房間的一切擺設，仍維持原來的樣子，只是濛了一層薄灰，彷彿，主人只是外出旅行仍未歸家。

整理那一卷卷豬哥亮歌廳秀錄影帶和老歌錄音帶，也聽著妻子訴說著他的喜好以及生活酸甜，拉拔孩子是辛苦，但有個幸福的家卻是甜蜜，丈夫生前所蒐集的影音產品裡，有多少藝人，幾位歌星早已不在人世，妻子說：「至少在那邊，還有喜歡的歌星，可以繼續聽著祂們現場演唱，也是件快樂的事情。」

老式衣櫃是妻子的嫁妝，陪伴這個家數十年，如今仍結實佇立，從裡面找到了數本相簿，還有一張裱了框的黑白結婚照。照片中的人，丈夫高大偉岸，穿著一襲制服更顯挺拔帥氣；妻子溫柔多情，臉上洋溢著嫁作人婦的幸福。韶光荏苒，丈夫離開塵世，妻子有了皺紋和銀白髮絲，手腳也不甚靈便，但說起丈夫時，笑容卻掛在臉上，眼睛裡散發的光彩，是在和我們證明，她找到了一生摯愛。

休息時，看著婦人坐在沙發上，開始說著他們的過往，有喜悅，當然也有爭吵的時候，如果畫面有音樂，眼前的景象，讓心底響起了旋律，不禁想到江蕙的〈家後〉裡有這一段：

阮將青春嫁置恁兜，阮對少年就跟你跟甲老。
人情世事嘛已經看透透，有啥人比你卡重要。
阮的一生獻乎恁兜，才知幸福是吵吵鬧鬧。
等待返去的時陣若到，我會讓你先走。
因為我嘛嘸甘，放你，為我目屎流。

聚散有時，總有離去的那一天，老伴，直到那日，在天上，繼續作伴。
整理完遺物，將房間回復了原先的乾淨整齊，只剩愛的回憶塞滿整個房間。
永恆，不變。

讓「心」有個歸處

幸福很簡單，遇到一位走進你心裡，陪你走完這一生的人。所謂的愛，不是激烈與火熱，而是平淡且適足。

遺物整理，是用回憶編織起思念的網，網住所有愛祂的人。

很多人自認為是收納師、遺物整理師，認為會收會整理就能從業，卻遺忘了職業的原始核心，為何會有這樣的需求，為什麼有這樣的職業存在，不是會丟會收就好，談及物品收納整理與遺物整理時，人們常會提到「斷、捨、離」，斷絕不需、捨棄多餘、脫離執著。斷捨離不是丟掉物品的同時，也丟棄了思念的憑藉。應該要從委託人的角度出發，再加上自身專業的建議與技能，來幫這個家與心重新開始，我們不是整理物品，而是讓心有個歸處。每次接受整理委託，與委託人一同整理遠行的家人所留之物時，所謂的專業收納與整理我都覺得是一個附屬的技能，我們主要目的是陪伴，陪伴與傾聽對家人的思念，捨去生死之間的執念，過程中，收拾整理著委託人的心，得以面對以後的日子，祂不在，祂卻一直都在。

除了傾聽委託人對物品的執念，徹底瞭解所謂的需求本身外，更要想這些一直留下來的物品是不是用得到，還是捨不得丟，認為總有一天會用得上。

在斷捨離的概念之下，衍生出極簡單生活主義的生活方式，到底都丟光或是不留下任何一樣東西就是好的生活。

或許不是，學習真正地活在當下，不在意他人的目光而生活才是重點。

進行「斷捨離」的生活時，能否做到「存、緣、續」是該去思考的重點。所謂存，是丟棄物品同時，存留回憶之物，只有回憶與思念，才能讓人無盡的擁有，不是耽溺於過往，而是讓心有個可以沉澱的地方。

如果斷捨離僅是丟棄物品，那不需要的東西，最簡單的方式便是打包丟掉；如果可以創造出物品對其他人的緣分，無用卻對他人有用，產生出善的循環。

物品給予需要之人時，這些東西到底對於給予的人是亟需有用，還是讓對方增加日後需要斷捨離之物？物品的延續不是單純的給予，不是東西從眼前消失就好，是讓委託人願意捨去將物品給予他人之愛，索取之人是否真切需要或是因一時欲之所求？是否認為唾手可得之物便不加以珍惜？

愛延續，並創造出物與人的緣分。

整理時，家屬對於捨棄的衣物、書籍等物，都希望它們有最好的去處，有時我們想要，是因為欲望，但有些人想要，是他們迫切的需要。

整理過程中，嘗試著將這些不留存的物品，整理妥當後，捐贈出去給予需要的人，斷開執念，回歸本我之心，留存思念與愛，將這善心的舉動轉化成造福更多人的大愛，藉由這樣的舉措，造就佈施大功德，這些物品的存留、創緣、延續，是整理也是安心。

3.
垃圾屋與死亡的結合

滿滿的知識與思想，
從這端到那端，從存有到毀滅。

工作委託中，最難處理的應該就是垃圾屋與死亡相結合的現場。

死者在生前居住在混雜大量物品與垃圾的環境，囤積和收集一些無用的、看似沒有價值的物品，例如廣告傳單、塑膠袋、廢棄建材等，逐漸進展到囤積對日常生活沒有實際需求的物品，像是過多的衣物、家具、電器等。

有時在垃圾堆中能找到過期的食品、油鹽醬料、還有被我們稱之為生態箱的鍋子，打開鍋蓋時會看到一個生態系。會發現螞蟻、蟑螂、蚊子、蜘蛛，鍋內長滿有如灰白色棉花糖的黴菌，透過灰白交織的網還能依稀看見滋養著黴菌的米飯、滷肉、各式湯品。當初認為食物丟掉很浪費，還會把它吃完，卻遺忘它的存在，成了其他生物的營養來源。

有些嚴重囤積症的委託甚至是將物品囤積到無法行走的程度，出入都是艱辛過程，進出都須要側身或是「翻越」過雜物堆，其中不乏將物品堆疊至天花板，每次看到將空間利用到極致的個案，都很佩服對於空間的掌握，就像打開阿嬤的冰箱，在有限空間中創造出無限奇蹟，物品與物品之間，看似隨意的堆疊，卻產生出應力、施力、受力間奇妙的平衡，每移動一樣物品時都要思考是否會破壞重心穩定，造成室內山崩。

說到冰箱，在垃圾屋的現場有兩種極端現象，第一種是裡面塞得滿滿的，冷藏的食物已存放到腐壞流出黑水，在裡面找到什麼都不奇怪，而另一種則是從垃圾堆中找出冰箱後，打開發現裡面幾乎沒有東西。這兩極化的現象，讓開冰箱變得有如開寶箱般具有一種儀式性，大家總是會猜測裡面到底有多少東西，裡面的東西變質了沒有。

五味雜陳的空間

曾在一棟座落臺北市精華區的大廈清理一位獨居老人遺物。老人在臺灣沒有任何親屬，所幸在警方的協助下，聯繫到了遠在國外的親友回臺辦理往生者的喪葬事宜。曾是書局老闆的他，居住處充滿了堆積如山的書籍與曾經認為能夠熱賣卻滯銷的別緻相框，櫃子所擺放的照片，是與諸多名人的合照，每一樣物品都能看到他的生命軌跡。

所有的家具桌椅都堆放一起，只為了有更多的空間擺放書籍。堆積的書籍，是為了建立保護自己的堡壘，還是不捨資產被賤賣而保留下來？原先十餘坪的房子，被雜物、書籍、相框、家具、泡麵、零食所占據，僅剩小小的走道可供通行，生活空間不斷地退縮再退縮，只剩下一張床是最乾淨整齊的地方，是唯一的淨土。床尾的櫃子擺滿了相片，是對其過往的緬懷，是一切的回憶。每每躺在床上，看著相片，心中想的是什麼？

往生者在屋中因為通道已被自己堆積的雜物堵死，若要進入廚房，就必須先踏上從臥房窗邊那由書籍堆疊成的階梯，接著再爬下後陽臺的梯子，最後由後陽臺進入廚房；用書籍堆疊卻無法穩固的階梯，先前每一次進出來回只能說是幸運，看到那階梯，頂端已有部分書本散落，以及陽臺上的血跡和頭髮的沾粘，看來當時好運已然用盡，換得折斷頸椎的結局。

屋內那堆得比人還高的書吸收了味道，讓空氣中仍是充滿異味；原木家具的香味、消毒水、書香、發酸的廚餘、屍臭味，在這小小的空間中，五味雜陳是最好的形容詞。

過程中，來往經過的鄰居看著我們的眼睛中充滿著敵意，那看著我們的眼神，彼此的交頭接耳，是在抗議我們打擾了這平靜祥和的社區。

萬般帶不走

哲學家培根說過：「知識就是力量。」在這裡，只感覺到「知識就是重量。」搬了幾大車的書，擺在地上堆疊起來就好像一堵厚厚的城牆，數千本的書籍，數噸的重量，滿滿的知識與思想，從這端到那端，從存有到毀滅。

生命的意義和價值，往往在於怎麼活，而離開後，在這世上又能留下些什麼？不捨賤賣的書籍，在知識爆炸出版品氾濫的年代，只會更加淹沒於浩瀚書海，而為了守護看重的資產，卻壓縮了生活空間，失去了居住品質。

「萬般帶不走。」人生是如此短暫，但就算滿足了再多欲望，成就再大的事業，也無法為自己增加些什麼，出生之時是赤裸裸地來，死亡之時一樣是赤裸裸離開，可惜這些文字無法傳承，也無法實現它的價值。

4.

骯髒混亂綜合症

自行建設起來的不便，

是亡者日常每次出入都須爬越過

的動線。

當垃圾逐漸堆積到難以通行高度後，垃圾宛如無性生殖般地拓展開來，廚房、浴室、陽臺，都將被垃圾所占據，當這些垃圾將浴廁都堆積到無法進出的程度便無法使用，也就不能打理自己的衛生。

清理現場時，我們會對環境做個基本檢視，像囤積、不良於行、生活髒亂的個案，都會去注意查看臥榻之側，或是較為平坦的雜物堆中，是否擺放許多寶特瓶，或是不應該出現在旁邊的容器，裡面通常裝的不是茶，而是尿液，有時會在臉盆、垃圾桶等容器中發現排泄物。

猴子大師兄剛開始加入團隊工作時，曾拿起床邊的礦泉水瓶時，疑惑地說道：「這水是放多久？都放到變黃色了！」

「那是尿啊！」這樣吶喊只藏在心裡，反正你也不會喝下去，還很期待等下打開你就知道是什麼了。

清理這樣的現場，最辛苦的不是要翻越過重重障礙、不是廢棄物感覺永遠都清理不完的絕望感、不是那直竄腦門的惡臭，將這些裝滿排泄物的容器倒掉才最讓人難受。把盛裝排泄物的容器扭開瓶蓋倒入馬桶時，必須慢慢倒下，深怕動作太大，以免倒得太快時，讓這些液體噴濺到身上臉上，雖然傷害不大，但汙辱性極強。

這些個案都呈現出一種自我忽視與社會切斷連結的行為狀態，並忽視了自身的基本需求，例如：

一、**不重視個人衛生：**生活邋遢，卻不在意，未能適當照顧自己，大量堆積雜物與不重視清潔衛生的情況。

二、**沒有適當飲食：**排除經濟因素，會發現往生者在生前不注重均衡飲食，有時會在現場看到大量的泡麵、罐頭等即食品。

三、**不善處理人際關係：**家人與鄰居在談及死者時，共同點便是其不喜與人交往，過著獨來獨往的生活，拒絕別人幫助，過著獨居生活。

至於個案已經死亡，無法進行診斷，但是這些行為與古希臘時犬儒學派哲學家戴奧吉尼斯同名的「戴奧吉尼斯症候群」又與骯髒混亂綜合症類似，這種情形是一種精神心理疾病。這種容易出現在老年人身上的病症，讓這些人不重視個人衛生，也不注重自己的個人生活，出現離群索居，個性孤僻不擅與人交往的情況。

這類情形不只出現在老年人身上，也有年輕化的現象，通常這些人並不覺有異，認為這些物品留著還有用處，或是不妨礙自己的生活，而《難以駕馭的收藏激情》書中所論述，囤積症的囤積行為對「生活舒適度」造成妨礙，阻礙了動線與活動範圍。換句話說，這些行為讓生活空間受到了不合理的壓縮，演變成堆了滿屋子用不著的雜物卻捨不得丟，在室內大量囤積廢棄物品，環境髒亂不堪，垃圾伴隨著蟑螂與老鼠，排泄物與使用過的清潔用品堆積，潮濕發霉的房子滿布壁癌；這已是接到這類委託工作時能預想的情形。

垃圾山

一次委託中，委託人電話只說裡面東西稍微有點多，當到達現場時，雖然現場位於五樓，卻從一樓就能聞到陣陣惡臭，而委託人聞到味道後便止步不前。獨自到達五樓時，厚重的鐵門當初為了進入而遭破壞，破碎的玻璃散落了一地，異味從虛掩的門扉傳出，隨著氣流逐級而下流通整棟建物。試著推開大門卻被後面的物品所阻擋，侷限開啟角度只能勉強側身鑽入，才看到是掉落門邊的物品讓門無法順利打開。

先前藉由屋外的陽光，可以看到裡面堆滿了雜物，當進入室內重新關上門後，屋內又陰暗了起來，只能開啟頭燈●，才能在掛滿雨傘、鐵鍊、塑膠袋的牆面中摸索出電燈開關，開啟後室內又重回光明，眼前是堆得比我還高的廢棄物，這叫有點多，這是垃圾山吧。

為了查看污染來源，只得越過這座由垃圾所堆積的丘陵，抵達頂端的過程中，需要手腳並用，腳上所踩的每一步都要注意，免得踩空滑落，當到達最高處時，只是蹲踞著頭已接觸到天花板。

這自行建設起來的不便，是亡者日常每次出入都須爬越過的動線。生前，與這些廢棄物同居一室，物品堆積到遮蔽住陽光，臥室早已堆滿雜物而不得入，這環境，生活起居坐臥皆與滿室垃圾為伴。

正環顧四週時，耳邊傳來一陣嗡嗡聲，那聲音越來越密集，身體在這密閉的空間當中卻感到一絲涼意；甫一回頭，才發現是吊扇燈的風扇正在離我頭頸旁不遠處旋轉，原先開燈時因為吊扇沒有轉動，現在卻不知已然開啟，如果有個萬一，不是受傷血濺當場，便是……無法想像。

趕忙伸手將吊扇的線控開關拉停，隨後便將腳邊物品往較為旁邊推去，讓自身有更多活動空間，探詢異味來源是在浴室，應是在爬越垃圾堆到浴室時滑

• 通常垃圾屋的現場，因爲囤積大量的物件，導致日常電器損壞而無法更換維修的情況經常發生，所以都會事先準備好頭燈。

倒而導致死亡，腐敗組織與屍水混合著垃圾，讓整間浴室充滿汙物。

這空間限制了所能活動的範圍，也增加作業難度，遺體接運業者當時想必花費不小氣力將遺體從浴室移出，又要在擁擠的室內將遺體裝入屍袋後才能運出室外。

確認汙染範圍與作業環境後便退出門外，並逐層開始做初步除臭作業，讓異味不再充斥整棟建物。

工作開始，簡單分類裝袋後便讓門外的同事將其運至樓下，逐漸降低垃圾高度，每次移動時都要用腳踩壓試探，確認腳底是否堅實穩固，避免整條腿踩空而陷落其中，動彈不得頂多那滑稽的樣子遭到同事訕笑，如果腳底下是碎玻璃與鐵片，那就準備去醫院報到。

垃圾峽谷

花費大半天時間，或挖、或撿，隨著一袋袋垃圾清出，同時翻看檢查，確認是否有財物藏在裡面，無止盡的機械動作，卻感到頭頂離天花板越來越遠，視角也逐漸改變，從垃圾堆疊而成的高山，變成丘陵，再到盆地，最終成為峽谷，從一開始俯瞰著底下，慢慢能夠平視眼前的垃圾，到最後必須抬頭看著兩旁的廢棄物；隨著時間推移，逐步開拓出從門口到浴室間的道路，直到看到地板時，彷彿從異度空間回到現實。

站在垃圾峽谷底層看，這裡就像是考古發掘現場，最上層是無用的垃圾囤積物品，其次是回收物，接著是報紙、日用品、食物，最後是沙發、茶几等家具，走過這垃圾峽谷，看到凝滯的時間，每一層每一個時期，不一樣的心理狀態，不一樣的行為模式。

僅憑委託人無法處理的垃圾量，隨著不間斷的工作，逐漸回復原有的寬敞空間，空蕩的房內，發出的聲波入射到磚牆、玻璃後全都反射回來形成回音。

房內找到大量鈔票與金飾，顯示出亡者其實不為金錢所苦，這種囤積行為不是為了生活所需，而是藉着囤積物品來填補心靈上的空虛和一直以來缺乏的安全感。

直到最後，不想面對的卻還是要面對，隨著清理過程，不知被垃圾淹蓋多久的冰箱漸漸出土，傳統舊式大冰箱仍插著電，冰箱門上貼著多年前超商滿額贈的磁鐵，每一個都發黑到難以辨識圖案，稍微移動，透過肌肉所傳達的沉重感代表裡面都是東西，我沒有勇氣打開。

移動冰箱時，底下汩汩流出黑水，惡臭又重新充斥整個房間，不用開便知道裡面的東西已然敗壞，打開來只是製造更多的困擾；但是這重量怎麼推，怎麼移，怎麼抬下五層樓都是個問題，又要在累死與臭死間作一個抉擇……。

後記　重新檢視怎麼活、怎麼過

雖然沒有人跟我說，我也不會通靈，但是在工作的過程中，只要仔細觀察現場，現場的物件都會透露出資訊，能描繪出死者在生前過的是怎樣的日子。他的經濟狀況、生活習慣，健康情形以及他未曾跟人訴說的話。

這些死亡現場中最常見的是滿地的雜物垃圾，居住於廢棄物圍繞的空間中，是因為行動不便，還是生病了，所以只能這樣做？有時，是對於活著，已經沒有動力，就這樣過一天算一天。將就地活著。這些亡者獨自居住在昏亂骯髒的環境下，不與人接觸，無人聞問，直到死去很多天後才被人發現，這樣的情形就是孤獨死。

到底是什麼原因，讓社會出現「孤獨死」的現象呢？是高齡人口的增長？是獨居的人越來越多？還是隨著科技發展我們卻失去了一些看不見卻很珍貴，無法以金錢買到的東西？

其實，這不是什麼很難取得的東西。它叫做「關心」。當我們遺失了對人的關心和在意，而用冷漠取代時，孤獨死，就不再是一般社會大眾口中所指，什麼老年人的專利，而是會發生在所有人，包括我身上的事情。

在這些現場中，看到我們身處的社會，正在逐漸失去人和人之間的連結。所謂的連結，也不一定是跟血緣有關係。也就是說，就算今天你是一位獨居者，不代表你跟外界沒有連結，或者最後會孤獨死去。

有時候，我們可以享受一個人的時光，卻不代表我們要過著孤立的生活。

死亡是孤獨的，因為它是本身就存在於每個人的生命之中，每個人的死，都是一種獨自承受、別人無法分擔的經驗。

我們無法推翻這個結果，但是，透過書中那些失去生命的故事，我們其實可以重新思考，要選擇怎樣活在這個社會、這個世界。

我是人生整理師

死亡清掃 X 遺物整理 X 囤積歸納

作者　盧拉拉

執行長　陳君平
榮譽發行人　黃鎮隆
協理　洪琇菁
總編輯　周于殷
資深企劃編輯　劉倩茹
美術總監　沙雲佩
封面設計　陳聖義
封面內頁繪圖　蔡致傑
內文排版　劉淳涔
公關宣傳　施語宸
國際版權　黃令歡、高子甯、賴瑜妗

出版　城邦文化事業股份有限公司　尖端出版
臺北市南港區昆陽街16號8樓
電話：（02）2500-7600　傳真：（02）2500-1971
讀者服務信箱：spp_books@mail2.spp.com.tw
發行　英屬蓋曼群島商家庭傳媒股份有限公司
城邦分公司　尖端出版行銷業務部
臺北市南港區昆陽街16號8樓
電話：（02）2500-7600（代表號）　傳真：（02）2500-1979
劃撥專線：（03）312-4212
劃撥戶名：英屬蓋曼群島商家庭傳媒（股）公司城邦分公司
劃撥帳號：50003021
※劃撥金額未滿500元，請加付掛號郵資50元
法律顧問　王子文律師 元禾法律事務所 臺北市羅斯福路三段37號15樓

臺灣地區總經銷　中彰投以北（含宜花東）　楨彥有限公司
電話：（02）8919-3369　傳真：（02）8914-5524
地址：新北市新店區寶興路45巷6弄7號5樓
物流中心：新北市新店區寶興路45巷6弄12號1樓
雲嘉以南　威信圖書有限公司
（嘉義公司）電話：（05）233-3852　傳真：（05）233-3863
（高雄公司）電話：（07）373-0079　傳真：（07）373-0087
馬新地區經銷　城邦（馬新）出版集團　Cite（M）Sdn.Bhd.（458372U）
電話：（603）9057-8822　傳真：（603）9057-6622
E-mail：cite@cite.com.my
香港地區總經銷　城邦（香港）出版集團　Cite（H.K.）Publishing Group Limited
電話：2508-6231　傳真：2578-9337
E-mail：hkcite@biznetvigator.com

版次　2024年3月1版4刷
ISBN　978-626-356-506-7

國家圖書館出版品預行編目（CIP）資料

我是人生整理師：死亡清掃×遺物整理×囤積歸納／盧拉拉著. -- 初版. -- 臺北市：城邦文化事業股份有限公司尖端出版, 2023.05
面；　公分
ISBN 978-626-356-506-7(平裝)
1.CST: 殯葬業　2.CST: 文集
489.6607　112003185